葡萄酒的感官世界

（日）远藤诚 主编　赵怡凡 译

辽宁科学技术出版社
·沈阳·

目录 CONTENTS

第3章

葡萄酒达人教你如何正确解读葡萄酒

第4章

奶酪界权威人士“村山重信”带你解读葡萄酒与乳酪的全新搭配

第5章
品味不同品种滋味的专用酒杯

第6章
值得你关注的日本葡萄酒

SPUMANTE

JACQUESSON

Nicolas
Feuillatte
BRUT

SANTERO

● 勃艮第莎当妮白葡萄酒 2007 ●

如何品尝并了解葡萄酒?

5位葡萄酒达人的

● 拉格喜酒庄副牌红葡萄酒 2006 ●

5位不同职位的葡萄酒达人依照各自的品酒习惯，对同款红葡萄酒及白葡萄酒进行了品尝。由于方法不同，他们对同款葡萄酒得出的结论也不尽相同。为了提高大家对葡萄酒的鉴赏能力，特此提供5位达人的品酒报告，让您熟悉一下具体的品酒流程。

品酒流程

左图最右侧是英国WSET葡萄酒学院的品酒卡片，上侧是夹子，左侧的书名为《葡萄酒品尝精髓》（迈克尔·舒斯特著）。

自图片右侧起依次为：在酒保应试班中用来计量品酒时间的秒表、紫贵亚纪女士最喜欢使用的启瓶器，用来测量酒瓶、酒杯中葡萄酒温度的非接触式温度计。

葡萄酒达人 葡萄酒学校讲师

紫贵亚纪的品酒流程

个人资料

紫贵亚纪 法国爱琪美私立葡萄酒学校（Academiee du Vin）东京分校讲师。在大型葡萄酒进口商社担任市场调研一职，可接触全世界范围内的葡萄酒。曾辞职留美，在加利福尼亚州完成葡萄酒专业进修后回国。拥有经美国葡萄酒教师协会认定的CWE资格证书、英国WSET高级证书，以及日本酒保协会认定的葡萄酒品酒顾问等证书及称号。在"澳大利亚葡萄酒大使选拔赛"中荣获金奖，为日本的葡萄酒启蒙与普及做出了巨大的贡献。

盲品红葡萄酒·拉格喜酒庄副牌红葡萄酒 2006

鉴定要点:涩味与色泽　以涩味的质量程度、酒体颜色、酒脚（即挂杯现象）为中心，对葡萄酒进行品尝、鉴定。

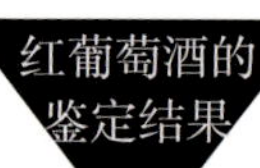

这是一款复杂而余味绵长的优质葡萄酒，最佳饮用时间在未来的2～3年。

【品牌数据①】产自法国波尔多，是梅多克地区第三级酒庄拉格喜城堡酒庄的副牌葡萄酒。参考价格：4,970日元

1

●观察色泽

倾斜酒杯，使葡萄酒表面呈椭圆形。如果是红葡萄酒，我们则可以观察到3种颜色，分别为被称作核心的中心部分、本色边缘，以及与酒杯接触的水色边缘。此款葡萄酒颜色健全且具有光泽度，中心部分呈现为浓郁的宝石色，边缘为紫色，是一款年轻的葡萄酒。

2

●观察酒脚①

旋转酒杯，观察附着在酒杯内侧的葡萄酒。观察要点包括：回流速度、数量及间隔。由此可以推断出葡萄酒酒精浓度的高低。此款葡萄酒的挂杯现象为中偏强，因此推断酒精度数为中等偏上。

3

●观察酒脚②

观察红葡萄酒的酒脚时，经常会产生酒杯上附着有颜色的现象。这是葡萄中所含有的色素。通过这个颜色的浓度，可以了解到葡萄酒中色素的含量。据观察，杯中附有少量颜色，因此可推测出这款葡萄酒所用葡萄品种色素浓度较高，或者是在较温暖的季节酿造的。

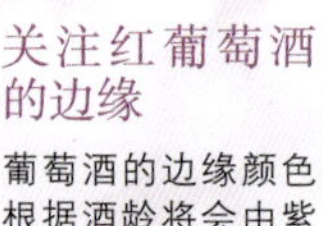

关注红葡萄酒的边缘

葡萄酒的边缘颜色根据酒龄将会由紫色变化为红色、橙色或者茶色。而且随着葡萄酒日渐成熟，这条水色边缘也会逐渐变宽。这是由于葡萄酒在成熟过程中，酒中所含的单宁与色素成分发生了复杂的化学反应，从而引起了葡萄酒颜色及浓度的变化。

4

●鉴定酒香①

将鼻子尽可能深地探入酒杯中，距离液体越近，嗅到的酒香就越多。首先不要转动酒杯，体会葡萄酒给你留下的第一印象。香味扑鼻则是酒中上品。这款酒可以充分地感受到黑莓、黑樱桃、黑醋栗等黑色系果实的香气，同时可以感受到三色堇的花香。

5

●鉴定酒香②

转动酒杯，各种香气扑鼻而来。苦中带甜的丁香，略微辛辣的黑胡椒，除此之外，还能感受到因在橡木桶中酿造而产生的咖啡、燕麦吐司、铅笔屑等味道。这款葡萄酒香气构造复杂，经过时间的沉淀，酒香将会更加浓郁。

6

●鉴定味道

这款酒以辛辣的口感、沉稳的酸味及丰富的涩味为特征。此款酒涩味成熟度略显不同。酒精浓度中等偏高，为重酒体。饮用时，可以感受到黑色系水果与香辣调味料的味道。余味绵长，极具复杂性。

摆脱先入为主的束缚，不急于得出结论

作为葡萄酒学校的讲师，紫贵女士从授课的角度出发，为我们讲解了最为实用的基础品酒方法。

在葡萄酒学校讲课的时候，紫贵女士会根据学员的学习目的而改变教学方针。在“酒保应试班”中，则以通过酒保考试为目标，追求能够准确得出葡萄品种、产地这一结论。在这个学习班中，多会围绕外观、香气、味道这三要素展开训练，进行综合而全面的分析，从而得出结论。同时，紫贵女士对学员给出了如下宝贵建议：切忌不能仅凭外观或香气一条要素得出结论，务必要进行全面而综合的分析。

而在以享用葡萄酒为目的的学习班上，则要指导学员如何通过语言描述葡萄酒。这时的要点就是使用客观而具体的语言对葡萄酒进行描述，并且能够使“每一个人都能听懂”。此外，对于平衡感、复杂性、果实浓缩程度、余味长短、酒香及味道的强弱，如何使用语言对其进行客观而准确的描述，是至关重要的。对此，紫贵女士强调：一定要摆脱先入为主的束缚。

为提高葡萄酒鉴赏能力，尽可能多地接触葡萄酒是十分重要的。如果吝惜金钱方面的投资，则很难取得进展。

盲品白葡萄酒·勃艮第莎当妮白葡萄酒 2007

鉴定要点：酸味　酸味程度是高还是低，其性质是尖锐还是圆润，入口后是否清爽，这都是了解白葡萄酒的线索。

白葡萄酒的鉴定结果

酸味与果实味道达到完美平衡，是一款纯粹而宜于饮用的葡萄酒。

【品牌数据①】
产自法国勃艮第沃尔奈地区，由亨利伯伊洛酿造。所使用的葡萄经低农药栽培技术种植而成。参考售价：3,990日元

1

●**观察色泽**

酒液颜色健全且有光泽，呈现出淡淡的柠檬绿色。外观色泽偏淡，是法国北部等气候凉爽地区所酿造葡萄酒的特征。另外，绿色是酒龄尚浅的标志。

2

●**观察酒脚①**

挂杯现象为中等程度，所以酒精含量也处在中等水平，由此可知，这款葡萄酒并非出产自加利福尼亚州等日照充足的地区。

3

●**观察酒脚②**

香气健全，强度适中。可以感受到柠檬、酸橙、青苹果，以及名为葡萄柚的柑橘类水果的果香。

了解酸味的种类

描述葡萄酒酸味的词语有很多，比如“尖锐”、“圆润”、“清爽”等等。“尖锐的”酸味，与柑橘类水果入口的口感相似，“圆润的”酸味如同食用酸奶时的口感，“清爽的”酸味则给人以清新爽口的感觉。

4

●**鉴定酒香①**

此外，还可以嗅到因在橡木桶中熟成而产生的燕麦吐司、坚果、黄油的味道。而且可以感受到金属元素那种天然纯粹的香气。有着独特的橡木香气，以及中性的酒香，可以推测这款葡萄酒是用莎当妮酿造而成的。

5

●**鉴定酒香②**

口感辛辣且酸味清爽。酒精度数适中，酒体适中。酒中含有柠檬、酸橙、青苹果以及洋梨的味道，并可以感受到因在橡木桶中熟成而产生的燕麦吐司与肉桂的滋味。

6

●**鉴定味道**

吐出口中的葡萄酒，鉴定余味。此酒余味绵长，有着很好的持续性，回味过程中可以体会到口中存有少量矿物元素的滋味与苦味。

进藤先生推荐使用的夹取式拔塞器

葡萄酒达人 高级餐厅经理·酒保

进藤康平的品酒流程

个人资料
进藤康平　东京元麻布餐厅经理，酒保。曾在东京银座的一家名为“Le Manoir D'HASTINGS”的法式餐厅担任酒保，于2001年留法。花费2年的时间在勃艮第地区的“乔治·鲁米耶”酒庄参与葡萄酒的酿造与葡萄的栽培，积累了宝贵的经验。后在“L'Atelier de Joel Robuchon”担任酒保。“Bon Pinard”餐厅于2005年开业。

盲品红葡萄酒·拉格喜酒庄副牌红葡萄酒 2006

通过色泽与香气检验葡萄酒的健康程度。通过味道寻找与其相适应的菜肴。

【品牌数据②】
使用的葡萄品种以赤霞珠为主，并配有梅洛、小维铎。产自圣朱利安地区。

1

●**观察色泽**
酒液颜色极佳，呈现为浓郁的深宝石红色。边缘的色调略带紫色，是一款比较年轻的葡萄酒。观察酒液色泽时，需要检测颜色的清晰度与光泽度。当酒液颜色暗淡无光泽，或是呈现出茶褐色时，该葡萄酒则很有可能受到损害。

2

●**观察酒脚**
旋转酒杯观察酒脚时，发现酒液因黏性从而附着于玻璃杯上。这是葡萄酒强劲而有力道的证据。在与空气接触的过程中，挂杯现象变得更加明显。从这一点来看，对这款葡萄酒进行“换瓶”，将更易于唤醒葡萄酒，从而释放出更为浓郁的酒香。

3

●**鉴定酒香①**
首先，在酒杯静止的状态下嗅酒香，没有异样的酸味与瓶塞味（即橡木臭味），所以表明这是一款健康的葡萄酒。异样的酸味是因葡萄酒氧化而产生的。而瓶塞味则是因用来漂白橡木塞的氯元素，与经霉菌、细菌分解后的瓶塞成分发生化学反应而产生的。

4

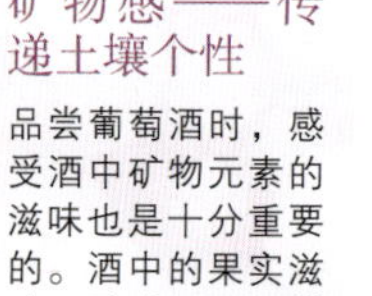

●**鉴定酒香②**
旋转酒杯，可以清晰地感受到黑色系果实以及蓝莓与黑醋栗的成熟果香。同时不乏橡木桶的香气，青椒与黑胡椒的辛辣，以及石蒜的滋味。此外，还可以感受到泥土的芳香与矿物元素的滋味，同时夹杂着一丝血液的味道。是一款十分复杂的葡萄酒。

5

●**鉴定味道①**
首先对味觉发起进攻的是强而有力的果实味。分量感十足，柔和的酸味包裹在最外层。涩感适中，单宁纤细而柔软。酒精浓度适中，平衡感极佳，适合现在饮用。

6

●**鉴定味道②**
矿物感极强，如同饮用硬水一般，矿物质附着在舌头上。果实滋味一直充斥在口中，绵延至最后。由于在矿物感之上残留有酸味、果实香味以及酒精的味道，所以这款葡萄酒强劲有力道，延伸感极佳。

矿物感——传递土壤个性

品尝葡萄酒时，感受酒中矿物元素的滋味也是十分重要的。酒中的果实滋味、酸味以及酒精含量均与气候有着一定的关联，唯独矿物感包含有来自土壤的信息。品味葡萄酒就是享受大自然馈赠的时刻，因此一定要体会到土壤的个性。从这个意义上来讲，葡萄酒中的矿物感是至关重要的。

红葡萄酒的鉴定结果

果实滋味浓郁，与使用胡椒调味炙烤而成的肉类菜品搭配效果最佳。

为提供一款适合美味佳肴的葡萄酒而进行品尝

作为Bon Pinard餐厅的总经理兼酒保，进藤先生仅在采购或者为顾客推荐葡萄酒的时候进行品酒。

在采购葡萄酒进行品尝的时候，饮酒场合、温度，以及所搭配的佳肴，这三个要点是缺一不可的。在为顾客推荐葡萄酒的时候，则注重检验葡萄酒的品质是否有所退化。检验时，确认酒液颜色的清透程度以及是否有气泡存在，酒香方面则需要确认是否出现异样酸味及瓶塞味（即橡木臭味）。

在品酒时所用的酒杯方面，为顾客推荐而品酒的时候，进藤先生喜欢选择传统的郁金香型酒杯，这种酒杯易于聚集酒香，仅需少量的葡萄酒便可以完成品酒。

在检测酒香的时候，首先不要转动酒杯，在略微封闭的状态下确认是否存在变质的味道。然后转动酒杯，确认酒中的各种香气。

在检验葡萄酒味道的时候，需要将一大汤勺左右的酒含在口中，与舌头进行充分接触，然后吸入空气，激发酒香，并通过鼻子确认香气。

为顾客提供性价比高而且美味的葡萄酒，是每一个餐厅酒保的工作。更重要的是，在品酒过程中找出最适合这款酒的美味佳肴。

盲品白葡萄酒·勃艮第莎当妮白葡萄酒 2007

品尝要点：不断旋转酒杯，使酒香从还原物质中释放出来。

【品牌数据②】
产自勃艮第地区，所用的葡萄均为各村最为优质的葡萄，再加上对产量进行控制，所以这款葡萄酒的品质超过了所评定的等级。

通过气泡，我们可以了解什么？

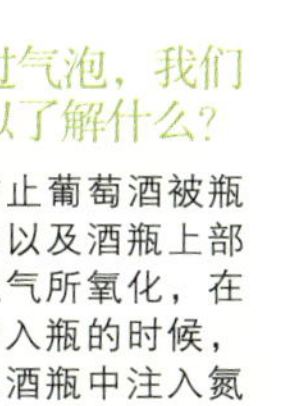

为防止葡萄酒被瓶塞中以及酒瓶上部的氧气所氧化，在灌装入瓶的时候，会在酒瓶中注入氮气，以防止葡萄酒氧化。如果葡萄酒的酒龄尚浅，这些氮气则以气泡的形式残留在葡萄酒中。但在瓶中进行发酵的情况下也会产生气泡，因此这也有可能是葡萄酒变质的标志。

1

●**观察色泽**

酒液颜色呈淡黄色，边缘部分由绿色过渡为灰色。白葡萄酒的边缘部分将会随着成熟度的递增而由绿色逐渐变化为灰色、茶色，因此，这款葡萄酒的酒龄较浅。另外，酒液中的气泡也可以证明这是一款年轻的葡萄酒。

2

●**观察酒脚**

通过酒脚，可以确定葡萄酒的口感是否清爽。酒液挂杯现象不明显，则口感清爽，若酒液黏稠度高，则口感强劲有力。通过观察，这款葡萄酒应属于口感清爽型。

3

●**鉴定酒香①**

一般情况下，颜色清淡的葡萄酒都含有柑橘类、香草、青苹果的香气。相反，色泽浓郁的葡萄酒则含有西番莲类水果的浓香。如果嗅到的酒香偏离了这个规则，那么一定是葡萄酒出现了问题。通过推测，这款葡萄酒应含有柑橘类、香草、青苹果等香气。

4

●**鉴定酒香②**

实际上，这款葡萄酒在柑橘类的香气中夹杂有少许稻草的味道，同时有着雨后石头般的矿物感。酒香十分纯朴、清新。由于白葡萄酒中含有较多的还原物质，因此白葡萄酒与空气充分接触，有利于酒香的释放。

5

●**鉴定味道①**

鉴定白葡萄酒味道的时候，需要注意以下四个要素：最先攻击味觉的果实味道，酒精浓度，酸味以及矿物感。这款葡萄酒入口后，果实感丰盈而柔软，并且有着较为结实的清爽酸味。

6

●**鉴定味道②**

酒精度适中，约为12°~12.5°。在感受若干种矿物元素滋味的同时，可以体会到残余的酸味。果实滋味丰盈而新鲜。酸味干脆而清爽，但这款葡萄酒没有突出的特点，因此可以与任何菜肴搭配，包括脂肪厚重的猪肉。

白葡萄酒的鉴定结果

酒香朴实，酸味清爽，可搭配任何菜品。

品尝葡萄酒时，回收口中所含葡萄酒的专用水桶。

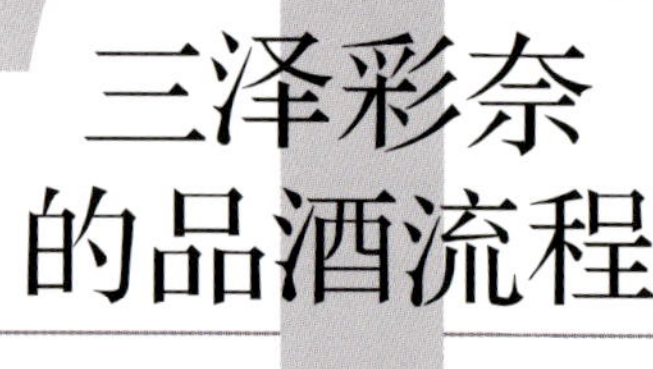

葡萄酒达人 葡萄酒酿造专家

三泽彩奈的品酒流程

个人资料

三泽彩奈 山梨县胜沼町中央葡萄酒有限公司（创建于1923年）第五代传人。法国波尔多大学公认的葡萄酒品酒师，法国栽培酿造高级技术人员。挑战葡萄酒品牌首次酿造而成的葡萄酒“格瑞斯梅乐2006”，在“第十一届香槟·葡萄酒挑战赛”上，荣获最优秀国产葡萄酒大奖。

盲品红葡萄酒·拉格喜酒庄副牌红葡萄酒 2006

鉴定要点：葡萄是否充分成熟、使用何种酒桶酿造。

【品牌数据③】
葡萄在优质的土壤中成长，收获时为人工采摘。在不锈钢水槽中发酵15~25天后，放入木桶中熟成，新桶使用比例为25%。

旧世界与新世界之间的差异

在葡萄酒王国中存在两大世界，欧洲产地被称作为旧世界，南北美洲、大洋洲以及南非等地被称作新世界。这两大区域所产的葡萄酒类型有所不同，主要差异表现在酒精浓度与酸味上。

1

●**观察色泽**

酒液清澈程度高，在红葡萄酒中属于中等色调，为宝石红色。边缘色泽明亮，因此酒龄尚浅。

2

●**鉴定酒香**

最初认为酒香有些闭塞，但实际上葡萄自身成熟充分，酒香分量感十足。酒中有着樱桃等红色水果的香甜，来自木桶的辛辣感，以及少量的墨香，因此所使用的葡萄品种极具潜力。

3

●**鉴定味道①**

酸度适中，酒精含量适中，果实滋味丰盈，回味感中等偏上，酒体适中，是一款单宁年龄尚浅的葡萄酒。

4

●**鉴定味道②**

这款葡萄酒采用经典工艺酿造而成，应该产自旧世界，而并非新世界。从单宁与酒精浓度上来看，稍稍有些成熟过度，可以将饮用时间稍稍提早一些。是一款用心酿造而成的葡萄酒。

红葡萄酒的鉴定结果

果实感丰盈，使用成熟且具有潜力的葡萄品种酿造而成。

通过品鉴葡萄酒，探究葡萄酒的成长状况

作为葡萄酒的酿造专家，是以探究葡萄酒酿造状况为目的而进行品酒的。在酿造葡萄酒的过程中，从发酵阶段开始直到存放熟成，酿造师要对葡萄酒进行多次品尝，以对葡萄酒进行观测，计算出过滤沉渣的时间。

其中，压榨阶段是最为重要的。在这个时期，需要确认白葡萄酒是否产生异味，是否被氧化，红葡萄酒则需确认葡萄品种的特性是否被激发，单宁的品质是否优良。

在葡萄酒酿造的过程中，需要多次品尝葡萄酒。在酿造红葡萄酒的时候，需要品鉴葡萄的成熟程度、单宁的品质、是否有浓郁的果实滋味、是否激发了土壤个性等等。如果是白葡萄酒，则需要检验酒香的清新度、酸味的品质、是否激发出葡萄品种的特性、余味中是否夹杂有异味等等。

从酿酒师的观点来讲，一款优秀的葡萄酒，是能够感受到葡萄的内在潜力，并非经过人工调味，而是可以完美地展现出当地风情，并可以在独特风味中感受到高雅的葡萄酒。三泽女士的目标就是酿造出这样的葡萄酒。

盲品白葡萄酒・勃艮第莎当妮白葡萄酒 2007

鉴定要点：酒香的品质与酸度的品质。尤其需要鉴定酸度是纯朴还是复杂。

白葡萄酒的鉴定结果

柑橘类果实味道浓郁，产自传统地区的完美葡萄酒。

【品牌数据③】
亨利・伯伊洛是一位完美主义者，他在葡萄栽培过程中，极力排除化学物质，收获时一律采用人工采摘。对葡萄果实的筛选，要在葡萄田与酿造所进行两次。

1

●观察色泽

酒液清澈，外观颜色并不十分浓厚，是属于白葡萄酒的颜色。边缘部分颜色尚未发生变化，所以应该是一款酒龄尚浅的白葡萄酒。

2

●鉴定酒香①

十分清新。香气中含有树木的成分，但这种香气是产生于葡萄的成熟过程，还是木桶中的熟成过程，就不得而知了。所用葡萄不属于香气浓厚的品种。

透过酒瓶了解葡萄酒

酒瓶一定要使用玻璃瓶，这种约定俗成的规矩已经成为了过去时。近来，因重视保护生态，质量较轻的塑料瓶与纸质包装开始盛行。但在传统产地，酿造葡萄酒的人们仍然坚持使用沉重的玻璃酒瓶。

3

●鉴定酒香②

含有柑橘、桃子等果实的香气，给人以清爽的印象。第一印象固然重要，但酒香的释放是一个循序渐进的过程，仅凭第一印象是无法确定酒香的，在品尝过程中多次鉴别酒香是至关重要的。

4

●鉴定味道

酸度完美，矿物感也令人舒适。有浓郁的柑橘类果实香气，回味为中等程度。酒精含量适中，酒体适中，平衡感极佳。在这款酒中，可以感受到来自传统产地的独特风格，是一款清透而干爽的白葡萄酒。

在品尝的时候选用无法观察到葡萄酒颜色的黑色玻璃杯，可以促进大脑思考，有助于学习。

葡萄酒达人 商场酒类专柜酒保

藤卷晓的品酒流程

个人资料

藤卷晓　就职于东急百货店本店和洋酒专柜，是经日本酒保协会认定的高级酒保，法国“爱琪美”私立葡萄酒学校讲师。在美术大学时期的修学旅行中邂逅葡萄酒。自1989年起，在法国爱琪美葡萄酒学校求学。后在多家酒吧、餐厅以及葡萄酒销售商店中从事葡萄酒的介绍与甄选工作，最终成立葡萄酒拍卖公司。现在东急百货店任职的同时，从事写作、演讲等活动，并对酒类销售商店进行推销指导。

盲品红葡萄酒・拉格喜酒庄副牌红葡萄酒 2006

通过外观抓住整体印象，在探究酒香与味道的过程中，逐渐了解葡萄酒的全貌。

【品牌数据④】
拉格喜酒庄在17世纪初期已经成为一家著名的酒庄。曾于19世纪研制出新的栽培技术，一直沿用至今。

藤卷流派的葡萄酒味道鉴定方法

通常情况下，品酒师在品酒时都会采取以下方法：将酒含在口中，然后吸入空气，为使酒与空气充分混合，会发出咕噜咕噜的声音。但藤卷先生在品酒时，是将葡萄酒含在舌尖上，慢慢体会滋味后，缓慢咽下。这种方法更易于感受酒中的各种要素。当品酒场合不适宜发出响声时，可以尝试一下这种方法。

品酒时使用国际通用的品酒杯与罗布梅尔水晶杯两种不同规格的杯子。

1

●**观察色泽**

外观是葡萄酒的第一印象。从颜色及香气可以推断出葡萄酒的健康程度与特征。这款葡萄酒为略带紫色的深邃宝石色，具有透明感，且散发着光泽。酒体厚重，边缘部分为紫色。

2

●**观察酒脚**

黏性较高，附着在酒杯上的液体较多，酒脚厚重。使用罗布梅尔水晶杯观察，则可发现挂杯现象更为明显，酒液回落速度较慢。

3

●**鉴定酒香①**

成熟的黑色葡萄干、黑莓、黑樱桃等黑色系浆果的味道十分浓郁，同时还可以嗅到洋李的味道，并含有苦味巧克力、咖啡、可可，以及香兰素、烤肉的气息。

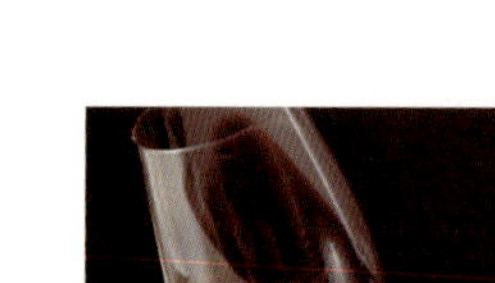

图右为品尝红酒时国际通用的玻璃杯，图左为罗布梅尔公司生产的水晶杯。

站在顾客的立场上对葡萄酒进行品鉴

藤卷先生在涩谷东急百货店的和洋酒销售专柜担任酒保一职，为购买葡萄酒的顾客提供各种建议。根据顾客的需求、喜好，帮助其选购葡萄酒，并为顾客介绍适合搭配葡萄酒的家庭菜肴，这就是藤卷先生的主要工作。

在顾客立场上品尝葡萄酒，其目的在于为顾客传达葡萄酒的味道、香气，饮用场合、氛围及给人留下的印象。通过品酒，记下每一款葡萄酒的感觉，并凭借记忆将最为适宜的葡萄酒推荐给顾客。

"这款葡萄酒具有新鲜的清凉感，如同鲜榨的酸橙、葡萄柚等柑橘类果汁，冷藏后饮用，可以将现在的闷热感一扫而空，给人以清新爽快的感觉！"只有在认真品尝了葡萄酒以后，才能做出这样的介绍。

在葡萄酒业界举办的品酒会上，要对多种葡萄酒进行品尝鉴定。为了能够在短时间内完成品酒，藤卷先生经常有意识地进行带有目的性的品酒。比如，"这款葡萄酒与其他同样的葡萄酒相比，就像莓类水果之于水果干一般，果香更为浓郁。"这样说，顾客可能会更喜欢这款酒；"这个味道适合大多数人群"，这样一来，葡萄酒的主体味道以及销售对象的问题就全部解决了。

红葡萄酒的鉴定结果

适合喜欢新鲜水果香气的人群饮用。再成熟一些会更加有意思。

4

●**鉴定酒香②**

有着胡椒、丁香的滋味，稍稍夹杂着一丝青椒、柿子椒的味道，同时可以感受到动物般的粗犷。通过嗅觉，还可以辨别出百里香与迷迭香的香味。无法感觉到成熟的气息，因此可以判断这是一款相当年轻的葡萄酒。

5

●**鉴定酒香③**

为了更好地享受浓郁酒香及其变化过程，对于酒龄尚浅的葡萄酒，可以选择杯底宽、杯口窄的酒杯，如波尔多型或布鲁内罗型酒杯。在饮用前三小时开瓶，倒入瓶底较宽的醒酒器中醒酒。有必要的话，可以进行两次。

6

●**鉴定味道①**

攻击感较强，是一款健康的葡萄酒。单宁丰富，对于初次饮用葡萄酒或不喜欢单宁滋味的人来说，或许会产生一些抵触感。但这款酒的单宁十分温和，是一款可以在年轻状态下充分享用的美酒。如果再成熟一些的话，这款酒的滋味将会更加有意思。

7

●**鉴定味道②**

这款葡萄酒中不乏复杂而纤细的滋味。酸甜程度适中，单宁的平衡感极佳，易于被大众所接受。对于资深的葡萄酒饮用者来说，这也是一款无可挑剔的美酒。

葡萄酒产地、品种、年份的盲品读取方法

葡萄酒中含有丰富的单宁滋味，但又不是属于丹那等品种的浓烈滋味，因此可以推断这款酒是以赤霞珠及梅洛为主酿造而成的。如果是产自加利福尼亚州等新世界的葡萄酒，口感将更加甘甜、浓郁。由于酒中不含有肉桂、薄荷以及桉树等独特风味，所以产自澳大利亚或智利的可能性较低。

虽然稍稍带有动物的臭味以及泥土的滋味，但如果产自南非，酒中将含有更加浓郁的酒香酵母的滋味。

综上，可以推断出这款葡萄酒产自法国的波尔多地区。

使用梅洛酿造的葡萄酒，单宁柔滑，略显青涩，带有更多的泥土芳香。但此款葡萄酒的单宁并非如丝绸般柔滑，并且带有少量来自动物的独特风味，因此推断这款葡萄酒产自梅多克地区或格拉芙地区。

在年份方面，这款酒有可能是最新年份的酒，也有可能更早一些，也就是产自2005年或2006年。

通过其上等的品质可以推断出这款葡萄酒价值不菲。

通过品酒，消除顾客的疑问与不安

藤卷先生在品酒的时候，特别在意葡萄酒的外观。顾客在葡萄酒销售商店购买了葡萄酒，回家后开瓶，发现“白葡萄酒酒液浑浊”、“瓶中混有玻璃碎片”等情况，则会对商店要求索赔。

但这些索赔事件多是由于近年来“自然流派”葡萄酒，即不过滤、不澄清、不除渣的葡萄酒产量的增加而造成的。如果事先对葡萄酒进行品尝，则可避免类似事件的发生。而且在顾客购买时对葡萄酒进行解释，还可以消除顾客的疑问与不安。

通过品酒为顾客推荐一款最为合适的葡萄酒

藤卷先生认为，在为顾客介绍葡萄酒的时候，需要对酒香做出特别说明。对于专业人士来讲，酒香的表现方法浅显易懂，但对于一般顾客来说，会有许多难以理解的地方。

比如提起麝香、打火石、松露等香气，这些究竟是怎样一种香气，顾客们是难以想象的，如果不了解酒香则无法选到一瓶令自己满意的葡萄酒。因此，藤卷先生在介绍葡萄酒的时候，不会将葡萄酒中10种乃至20种

盲品白葡萄酒・勃艮第莎当妮白葡萄酒 2007

记住酒香的第一印象，然后仔细分析，感受其他香气。

【品牌数据④】
葡萄采摘之后，将完全成熟的果实放入压榨机内进行压榨。酒精发酵过程在木桶中进行，环境温度为19℃，持续时间为20天，然后在木桶中熟成12～15个月。

在酒杯中倒入葡萄酒的量

品酒的时候，酒杯中倒入多少葡萄酒合适呢？许多人认为仅需在杯中倒入少量即可，因为品酒时只需在口中含极少量的酒。这种想法大错特错。这是由于杯中酒量过少则无法释放足够的酒香。相反，也不可倒入过多的葡萄酒，否则香气将无法在杯中滞留。50ml的酒量最为合适。

品酒时使用国际通用的品酒杯与罗布梅尔水晶杯两种不同规格的杯子。

1

●**观察色泽**
酒液外观具有光泽和通透感。颜色为稍稍带有绿色的黄色。酒体并不十分厚重。

2

●**观察酒脚**
酒液黏性为中等程度。

3

●**鉴定酒香①**
酒香并非过于浓郁，新鲜中带有少量成熟黄色系果实的香气，如木瓜、枇杷等。而且含有少量苹果、杏以及柑橘类水果的香气。

4

●**鉴定酒香②**
旋转酒杯，酒香中增添了矿物元素以及石灰的独特滋味，并可以感受到少量黄色花朵、白胡椒的味道，以及极微量的黄油与吐司的浓香。

的花香、水果香一一列举出来，而是以简单易懂的语言向顾客介绍葡萄酒，将酒中印象最为深刻、最易感受到的花香、水果香的特征传递给顾客，令顾客体会到葡萄酒所营造的氛围。

除此之外，藤卷先生会询问顾客购买葡萄酒的目的及用途，从而为刚刚接触葡萄酒的顾客提供更好的帮助。当然，这些建议也来自葡萄酒的品鉴过程。比如说，在饮用前几分钟内加入冰块最为合适，有沉淀物质产生时如何进行过滤，以及应该选用怎样的酒杯饮用，对于这样的问题，藤卷先生都会给出令顾客满意的答案。

用心品鉴葡萄酒，是藤卷先生为顾客推荐美酒的根据，也恰恰是因为品酒，顾客才能享受到更为美味的葡萄酒。

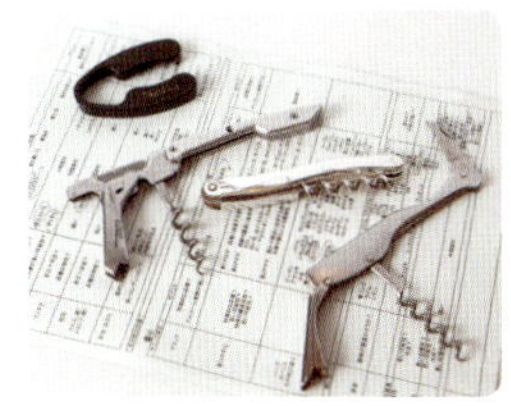

上图为藤卷先生使用的开瓶器。他所使用的酒刀经过改造，使用起来更加方便。而且藤卷先生有着专用的品酒桌布。

白葡萄酒的鉴定结果

整体味道出众，现正处于最佳饮用期，稍将饮用期提前也是一种不错的享受。

5

● **鉴定味道①**

入口后对味觉的冲击感十分柔和，属干型葡萄酒。酸味恰到好处，由于酸中带甜，因此即使酒温过低，也不会感受到更为浓郁的酸味。酒中矿物感十足，略咸，有醇度。浓度适中，但余味有所欠缺。

6

● **鉴定味道②**

综合酒的香气与味道，将饮用温度设定在11℃～13℃之间最为合适，并选用杯口略为收拢的中型酒杯。如换瓶醒酒，仅需较短时间便可激发出隐藏在酒中的香气与味道。

图左为国际通用规格的品酒杯。
图右为不添加铅元素的水晶杯。

葡萄酒产地、品种、年份的盲品读取方法

在酒香中，可以感受到柑橘类水果的强烈气息，以及香草的滋味，故而可以推断这款葡萄酒是选用琼瑶浆与白苏维翁等具有浓烈香气的葡萄酿造而成，而且此酒不具备强烈个性。与其说酒中木瓜与苹果的成熟果香达到完美平衡，不如说这是来自葡萄本身的特有香气。MLF发酵（即苹果酸-乳酸发酵）特征明显。同时，酒中夹杂有黄油与吐司的味道，但不十分明显。因此推断这款酒为在木桶中熟成时间较短的莎当妮白葡萄酒，并且此酒价格并不是十分昂贵。

这款葡萄酒中的酸味，并不像产自德国等气候寒冷地区的葡萄酒那样，具有尖锐的棱角，也没有过于温暖的感觉，因此推测此酒产自勃艮第。酒中感觉不到夏布利独有的强劲酸味与碘的味道，故而推断产自其他法定产区级别的村落。酒液带有淡淡的绿色，而且果实滋味十分年轻，因此推断这款酒的年份是2007年。

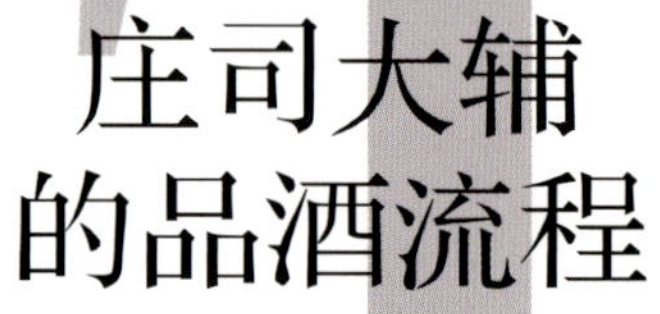

葡萄酒达人 葡萄酒酒杯生产商酒保

庄司大辅的品酒流程

个人资料

庄司大辅　出生于1971年，神奈川人。于明治大学文学系毕业后，进入位于吉祥寺的法国巴利查尔西餐厅工作。于1998年取得经日本酒保协会公认的酒保资格。1999年留法，在波尔多地区的圣德米利永酒庄学习葡萄酒酿造，于2000年回国。在葡萄酒销售商“ENOTECA”任职一段时间后，进入里德尔（日本）株式会社，是里德尔公司中首位成为高级葡萄酒酒杯教师的日本人。

盲品红葡萄酒 · 拉格喜酒庄副牌红葡萄酒 2006

通过酒中香气与滋味间各要素的强弱程度以及融合、分离状态探究葡萄品种。

【品牌数据⑤】
由于1929年的大恐慌与战争，葡萄田一度荒废。直至1983年12月，由三得利株式会社接管经营后，该酒庄在品质上才得以实现巨大飞跃。

酒脚——了解葡萄酒醇度的晴雨表

通过酒脚的回落速度、液滴数量以及时间间隔，可以了解到葡萄酒酒液的黏稠度。这就是葡萄酒中存有丙三醇与酒精的证据。酒脚越成熟，黏稠度就越高，葡萄酒的醇度也就越高。

使用专用酒杯品鉴葡萄酒。通过品酒，抓住葡萄酒的整体性格。

1

●观察色泽

将酒杯平放在桌面上，保持平稳状态，缓慢拿起，观察色泽。中心部分光泽健康，略泛黑色，以紫色调为主，但略偏红色。酒龄尚浅，但也经过了数年熟成。

2

●观察酒脚

水平放置酒杯，酒液延伸至酒杯边缘1cm处停止。保持这个状态，旋转酒杯1~2周，使酒杯内侧附着有面积相同的葡萄酒薄膜。

3

●鉴定酒香

具有黑醋栗、蔓越橘等黑色系水果的成熟果香，以及来自橡木桶的香气。黑醋栗等果实香气的浓缩度非常高，但嗅到鼻腔内部时，会给人以薄荷般的清凉之感。

4

●鉴定滋味

果实滋味的浓缩度适中。酸味给人以重心低、面积广的感觉，单宁偏强，细腻程度适中，对舌头有一种向下的压迫感。

为寻找与葡萄酒匹配的酒杯而进行品酒

里德尔公司成立于1756年，是一家历史悠久的葡萄酒酒杯生产商。他们发现了这一现象：酒杯会导致葡萄酒的味道发生变化。于是，里德尔公司便致力于葡萄酒酒杯的研究，根据葡萄品种，研制形状最为合适的酒杯。此后，里德尔公司通过酒杯与品酒，将酒杯的功能及其与葡萄酒之间的联系传递给消费者。

里德尔是酒杯行业的领航者，葡萄酒酒杯教师这一职业也只有里德尔公司才有。而庄司大辅则是日本唯一一名经里德尔公司认证的高级葡萄酒酒杯教师。

对于庄司先生而言，品酒的目的在于对酒杯进行测试。因此，他的品酒方法与普通方法有着很大的不同。

首先，使用品酒专用杯进行品酒，是为了能够抓住葡萄酒的整体性格。这时就需要参照酿酒师为每款葡萄酒制作的规格酒手册，并用心体会，记住每款酒的个性。

这次使用的酒杯是里德尔“宫廷”系列的品酒专用杯。这款酒杯与国际标准品酒杯相比，杯口稍大，杯脚部分设有量杯。用这款酒杯进行品酒，最大的优点在于，可以在相同条件下对葡萄酒的色泽及酒香进行观察。因为即使是同一款葡萄酒，其滋味也会因酒杯的倾斜方式、杯中酒的含量发生变化，而且酒香也会因酒杯的旋转方式不同而产生差异。

红葡萄酒的鉴定结果

单宁感结实，欠缺成熟度，但具有潜力，经过熟成味道会更加复杂。

●1号酒杯
给人以红色系水果果香为主的印象。使用标准酒杯感受到的复杂性完全消失。

●2号酒杯
有梅子与悬钩子等红色系水果的果香，酸味极强。与标准酒杯相比，完全感受不到复杂性。

●3号酒杯
与使用标准酒杯相同，可以切实感受到黑色系水果的浓香。橡木香与辛辣感融合在果香中，达到了完美的平衡。构成酒香的各个要素在杯中分解，聚拢在杯中，达到平衡，饮用者可以清晰地感受到葡萄酒的性格。使用这个酒杯的好处在于，可以很好地感受到偏重的酒体、绵长的余味，以及细腻而柔软的单宁。

●5号酒杯（高级波尔多型酒杯）
整体感觉不差，可以感受到使用标准杯品尝到的各种特征，但入口柔软，欠缺冲击力与延伸感。余味模糊不清晰。酒中各香气相对分离，给人留下较弱的印象。这款酒杯对于葡萄酒来说有些过大。

使用6种酒杯进行的品酒

将葡萄酒倒入6种具有代表性的红葡萄酒酒杯中，以寻找最为合适的一款酒杯。品酒要点在于，酒杯能否使饮用者在品尝的一瞬间抓住葡萄酒的整体性格。

通过品鉴，可以判断出属于波尔多系列的3号~5号酒杯与这款葡萄酒相匹配。3号酒杯表达着酿酒师的意愿，并且很好地激发出了葡萄酒的个性。这款葡萄酒以赤霞珠为主酿造而成。酒液的颜色与酒杯融合，十分谐调，是一款价格适中的波尔多葡萄酒。

●4号酒杯
同为黑色系果实，但果实的甘甜给人留下深刻的印象，而且水果的香气与辛辣感稍有分离。从酒香方面来说并不差，但饮用过后，回味时酸味过于强烈，喉咙深处的单宁略显粗糙。

●6号酒杯（高级勃艮第型酒杯）
完全感受不到酒香。不能使用。勉强来说，仅能感受到一丝水果的甘甜。

在品酒开始前，向形状各异的6个酒杯中倒入葡萄酒，并晃动下各个酒杯，使葡萄酒与空气接触。从左至右依次为：
1号酒杯：里德尔宫廷系列勃艮第型酒杯
2号酒杯：里德尔宫廷系列XL黑皮诺型酒杯
3号酒杯：里德尔宫廷系列波尔多型酒杯
4号酒杯：里德尔宫廷系列西拉型酒杯
5号酒杯：酒保专用高级波尔多型酒杯
6号酒杯：酒保专用高级勃艮第型酒杯

抓住葡萄酒的整体性格

在使用“宫廷”系列品酒杯进行品酒的时候，首先需要将葡萄酒注满杯脚的量杯。然后放倒酒杯，将葡萄酒从量杯中流出，至酒杯边缘处，形成一个完美的圆形。保持酒杯的状态，观察酒液颜色即可。使用这种方法，可以保证在相同条件下，从相同的角度对酒液颜色进行观察。

观察酒脚的时候，使酒杯平躺在桌面上，并旋转一至两周。使用此方法，可以使葡萄酒在酒杯内侧形成厚度均匀的酒液薄膜，这样在立起酒杯的时候，可以形成状态均一的酒脚。而且在酒香方面可以使葡萄酒均衡地接触空气，以保证在同样的环境下嗅出酒香。

在同等条件下品鉴葡萄酒，可以准确地抓住各种葡萄酒的性格，从而了解它们的不同之处。

使用多款酒杯鉴定酒香与滋味，以找到最合适的酒杯

在把握了葡萄酒整体性格之后，下一步要进行的就是向几款酒杯中注入葡萄酒进行品鉴，从而筛选出最为合适的酒杯。根据酒杯的形状，葡萄酒的酒香以及味道的平衡感会发生变化。因此需要使用不同形状的酒杯对葡萄酒进行品尝，并采用排除法，筛选出与最初品尝

盲品白葡萄酒 · 勃艮第莎当妮白葡萄酒 2007

品鉴重点在于水果香气的浓缩程度、酸味的强度和矿物元素的特殊风味。

【品牌数据⑤】
在容量为350L的木桶中熟成。熟成过程中，不进行搅桶，在采用凝结除渣法过滤后，灌装入瓶。

使用专业酒杯品鉴葡萄酒。通过品酒，抓住葡萄酒的整体性格。

1

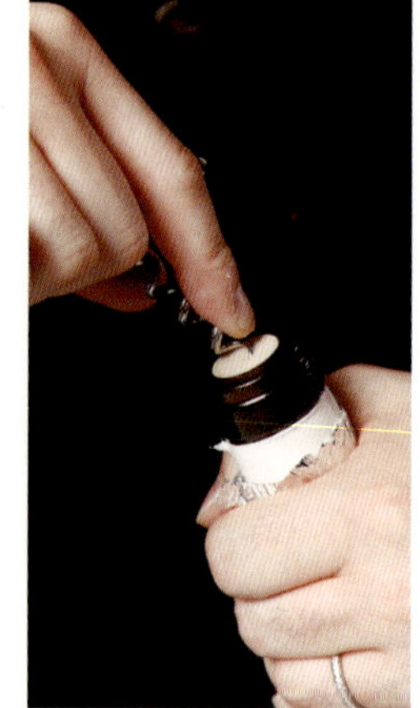

●**观察色泽与酒脚**
酒液为淡淡的黄色。酒脚的黏着度适中。

3

●**鉴定酒香**
具有橡木的香气与柠檬皮的滋味，而且具有矿物质感。香草的味道并不浓郁，随着时间的流逝，伴随烤肉的浓香，有少量黄色水果的新鲜果香释放出来。

2

●**鉴定味道①**
与酒香的印象相比，入口后的果实滋味更加厚重，酸度较高，具有横向扩张感。水果的酸度稍稍偏高，具有黄色系水果的滋味，且具有浓缩感，因此可以推测出酿酒所用的葡萄成熟度较高。

●**鉴定味道②**
最初于舌尖之上扩展开来的酸味在后半程忽然紧缩，舌头的中后部可以感受到向上的提升感。酒中酸度偏高，几种不同的木桶香气被激发出来。与整体印象相比，余味略微发苦。最后，在余味紧缩之时，可以清晰地感受到来自矿物元素的滋味。

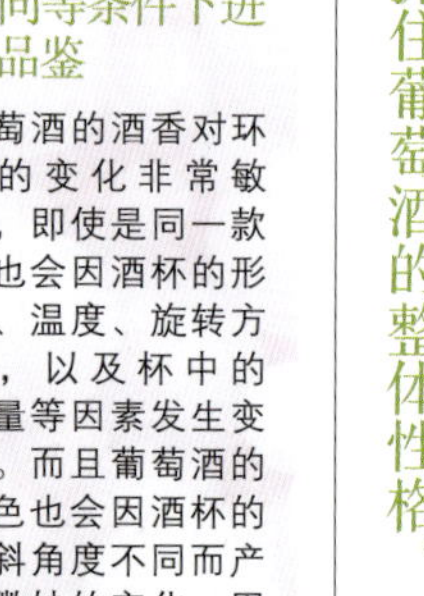

在同等条件下进行品鉴

葡萄酒的酒香对环境的变化非常敏感，即使是同一款酒也会因酒杯的形状、温度、旋转方式，以及杯中的酒量等因素发生变化。而且葡萄酒的颜色也会因酒杯的倾斜角度不同而产生微妙的变化。因此，在同等条件下进行品酒，有利于区分各种葡萄酒之间的差异。

（即使用标准杯品尝）印象最为接近的酒杯。酒杯的形状与大小决定了酒香的浓度，因此，选出一款与葡萄酒性格相适应的酒杯是十分重要的。

在这次盲品过程中，庄司先生首先使用标准杯对葡萄酒进行品鉴，然后选用多款酒杯再次品鉴，从而选出最为合适的酒杯。

铺在最下面的是里德尔公司进行品酒时使用的桌布。桌布上摆放的物品分别为：品酒时使用的“宫廷”系列品酒杯，倒入葡萄酒时使用的“倒酒片”，以及庄司先生最喜欢使用的酒刀。

白葡萄酒的鉴定结果

这是一款具有能量感、酸味完美且果实浓缩度高的葡萄酒。

●1号酒杯

中等大小的酒杯。与标准杯相比，木桶的香气有所减弱。水果的甘甜度有所增强，给人留下果香清新且酒体偏轻的印象。但余味的紧缩感卡在喉咙处，很不舒适。

●2号酒杯

这款酒杯的中部稍稍膨起，饮用时，香草的味道有所增强。可以感受到矿物元素与烟草的滋味，但无法感觉到木桶的香气。酸味以及余味中的苦涩感十分显著，香草与偏硬的矿物感占据了酒香的统治地位。果实香浓及余味的绵长度与1号酒杯相同。

●3号酒杯

在高度上与1号酒杯相差1cm。但恰是因为这1cm的差距，便可以感受到柠檬皮与小白花的香气，以及来自橡木桶的独特风味。葡萄酒入口后，在舌尖上产生了横向扩张感，果实滋味也更加浓郁，酸度偏高，并且具有紧张感。在舌头的最深处可以清晰地感受到来自矿物元素的特殊滋味，并支撑着舌尖部分所感受到的水果香浓。饮用时毫无不协调感。在3款酒杯中，平衡感最佳。

●4号酒杯

是品质较高的莎当妮型酒杯。由于杯口直径偏大，易于香气的扩散，对于劲道较弱的葡萄酒来说容易丧失酒香。使用这款酒杯饮用葡萄酒，酒香有所减弱，酒的品质也随之下降。酒中含有果实滋味、酸味以及苦味，但酸味占据了绝对统治地位。原本是一款以完美的酸味为优点的葡萄酒，但使用此杯品尝，酸味变得过强，反而成为了这款酒的缺点。

使用4种酒杯进行品鉴

将葡萄酒倒入4种具有代表性的白葡萄酒酒杯中，寻找最佳的饮酒酒杯。选择关键在于是否与使用专业品酒杯相同，可以感受到葡萄酒的整体性格。

通过品尝，可以发现这并不是一款来自温暖地区的葡萄酒，而是产自易于残留酸味的地区。3号酒杯与这款葡萄酒最为匹配，但如果追求香草的气息，则可以在饮用时选择2号酒杯。

葡萄酒酒香的平衡，会因酒杯的形状而发生变化。而且酒杯品质的高低也会影响到葡萄酒的美味。

图中自左至右依次为：
1号酒杯：里德尔高级雷司令型酒杯
2号酒杯：里德尔白苏维翁型酒杯
3号酒杯：夏布利型酒杯
4号酒杯：蒙哈榭型酒杯

1

5位达人不同品鉴方法下的5种不同表现形式

品酒——表现葡萄酒个性的过程

最初，葡萄酒的品尝与鉴定是葡萄酒供应商以选择葡萄酒为目的而进行的活动。在那时，如何表现一款葡萄酒的个性，是十分重要的。但是仅使用“酸味极强”、“甜甜的葡萄酒”这类简单的词语，将无法详细而具体地表现出葡萄酒的个性。

那么，酒保与品酒师所使用的专业术语，又是怎样表现葡萄酒个性的呢？下面将由藤卷晓先生为大家讲解专业的品酒知识。

葡萄酒品鉴世界通用的专业术语

在葡萄酒品鉴会上，经常会出现类似下面的这种介绍：

A：“酒液具有光泽，为微微泛绿的黄色，以葡萄柚为主的香气新鲜而纯粹，并可以感受到少量青椒的味道。”

B：“在此之上，还可以感受到柠檬草等香草的滋味。”

之所以能够出现上述两位品酒师之间的对话，是因为他们掌握了葡萄酒品鉴的通用专业术语。

在相同的规则下达成共识，有助于相互之间交换意见。通过交流，能够确认自己最初未曾感受到的酒香，从而进一步加深对葡萄酒的认识。

比如说，在品酒会上有谁提出这样一个问题：“一般来说，在产自这个地区的葡萄酒中，应该不含有三色堇的香气，但我却从这款酒中感受到了三色堇的香气。”如果周围的其他品酒师认同这个意见，那么大家将会共同探究产生三色堇香气的原因。

而在这种场合下，则要求各位品酒师能够使用相同的语言来形容同一种香气。而且要求品酒师们对葡萄酒知识具有深刻的了解，这是进行品酒的必备条件，同时也能够激发出品酒的兴趣。

盲品葡萄酒是最为有效的训练方法

盲品葡萄酒作为助兴节目，经常在品酒会上进行。盲品葡萄酒要求品酒师猜出葡萄的品种、生产年份以及产地，有些时候甚至要求品酒师猜出酿酒师的名字。

作为助兴节目，这是酒会上非常有意思的一个环节，但猜中答案的品酒师，多会找一些借口用来解释自己的推测，比如“这款酒和我以前喝过的很相似”、“有朋友送过我一瓶类似的酒”等等。

从本质上来说，对葡萄酒进行盲品，是为了消除先入为主的印象，从而能够更加准确地品鉴葡萄酒。通过这种方法，可以了解到葡萄酒真正的品质。比如下面这种情况：“入口强劲，酸味尖锐，因此它产自气候寒冷的地区。是白葡萄酒，而且带有煤气和樟脑气味，因此极有可能是产自德国或者塔斯马尼亚的雷司令葡萄酒。从酒的甘甜程度来看，是QmP级别内的珍藏葡萄酒，糖分残留情况……”也就是说，通过盲品，可以找到充分的理由证明答案的正确性。因此，对葡萄酒进行盲品这个过程至关重要，而且盲品有助于提高葡萄酒的品鉴能力。

形容一款葡萄酒，就好比形容一个人

当你向朋友们描述一个人的时候，如果仅用“他有两条腿，两只胳膊，一个脑袋”来形容的话，他们肯定无法确定这究竟是一位超级名模，还是身边的一位好朋友。因此，在描述一个人的时候，我们通常会说“他的腿又细又长，姿态优雅，肤色很白，而且有着一头棕色的长发”。这是描述一个人细节特征的最低限度。

在品尝葡萄酒的时候，与描述人物特征相同。比如说“略泛白色的葡萄酒”、“甜甜的葡萄酒”、“带有酸味”等词语，几乎可以用来形容每一款葡萄酒，也就是说，每款葡萄酒的表现形式完全相同，从而将无法表现出每款葡萄酒的个性。因此，为了能够更好地描述出每款葡萄酒的个性，我们有必要掌握各种表现方法。

仅凭一次品酒是无法真正了解葡萄酒味道的

在对同一款葡萄酒进行品鉴的时候，品尝结果会受到酒瓶状况、自身条件等因素的影响，从而产生巨大的差异。如果换个时间重新对酒进行品鉴，会发现酒的香气及味道都发生了变化。因此，仅凭一次品酒无法了解到葡萄酒的全部味道。只能说明“那是葡萄酒在当时酒瓶状态下的味道”。

因此，只有多次品尝葡萄酒，才能真正了解葡萄酒的全貌。而且，从品酒过程中得到新发现，也是享用葡萄酒的一大乐趣所在。

提高葡萄酒的品鉴能力

可以在家中进行的葡萄酒品鉴课程

以通过酒保考试为目标，跟紫贵女士一起学习如何品酒吧！

Lesson 1

品酒练习方法

在葡萄酒学校学习品酒，是最为可靠最为便捷的方法。我曾经在7所葡萄酒学校中学习过。但自我训练同样有助于加深对葡萄酒的了解。下面为大家介绍的练习方法是爱琪美葡萄酒学校中学员们所采用的练习方法。

品鉴葡萄酒的练习方法

1 确定品酒主题。比如：『不同产地的同种葡萄』或『特征相似的葡萄品种』等，以了解葡萄酒之间的差异。

2 根据所确定的主题，准备多种葡萄酒。

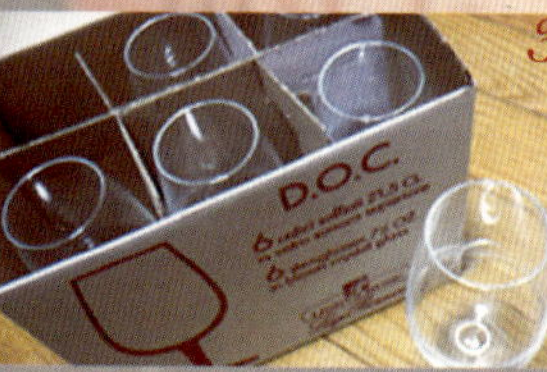

3 准备国际标准规格的品酒杯，与葡萄酒种类数量相同。

4 在酒杯底座部分标上编号。

5 将葡萄酒倒入各个杯中。注意：此时酒杯按照从左到右的顺序摆放。

6 自左侧开始，依次品尝葡萄酒，并记录下葡萄酒的品尝结论。

7 闭上眼睛，打乱酒杯顺序。

8 不看酒杯上的编号，再次品尝葡萄酒，根据品尝结果，把酒杯放回你所认为的正确位置上。

9 根据酒杯上的编号，检查排放顺序是否正确。

品酒练习中的3个要点

- 一定要在比较中进行品酒。
- 记录品酒结论。
- 不要咽下葡萄酒，而是吐出来。

注意：用心保管好剩下的葡萄酒，在之后的2～3日内，连续进行品尝，有助于加深对葡萄酒香气及味道的记忆。

Lesson 2

记住酒香

在品鉴葡萄酒的过程中，鉴定酒香是最困难的一个环节。因为葡萄酒酒香的表现形式实在是太丰富多彩了！水果，点心，调味料，肉类，蜂蜜以及果酱，除了这些食物的香气以外，还可以嗅到植物、皮革、烟草、腐叶土，甚至煤油的味道。

在品鉴葡萄酒的时候，如果这些葡萄酒酒香的香味无法清晰地浮现在脑海中，那么就无法对酒香进行描述。

想要通过嗅觉分辨出各种各样的香气，是需要经过大量练习的。但是，作为葡萄酒酒香基本构成的水果香气，还是比较容易辨别出来的。

Lesson 3

尝试描述味道

酒精浓度偏高的葡萄酒，咽下后喉咙会变得温热。酒体是指葡萄酒入口后的重量感，比如，牛奶与炼乳，含在嘴里所感受到的重量就有所不同。而且，浓度为100%的纯果汁与果汁含量为10%的饮料相比，纯果汁的口感更加结实，含10%果汁的饮料则感觉偏轻。

描述葡萄酒滋味的关键词汇

白葡萄酒

- 甜味
- 酸味
- 酒精浓度
- 酒体
- 味道强弱
- 余味

红葡萄酒

- 甜味
- 酸味
- 涩味
- 酒精浓度
- 酒体
- 味道强弱
- 余味

由类型决定的葡萄酒水果香型

红葡萄酒的酒香

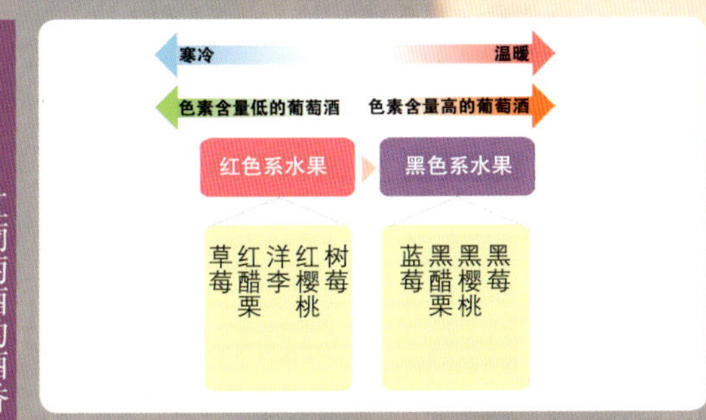

在气候较为寒冷的地区酿造出的葡萄酒色素含量较低，可以感受到红色系水果的香气。相反，在气候较为温暖的地区酿造出的葡萄酒色素含量较高，可以感受到黑色系水果的香气。红色系水果包括树莓、红樱桃、洋李、红醋栗、草莓等。黑色系水果则包括黑莓、黑樱桃、黑醋栗、蓝莓等。

白葡萄酒的酒香

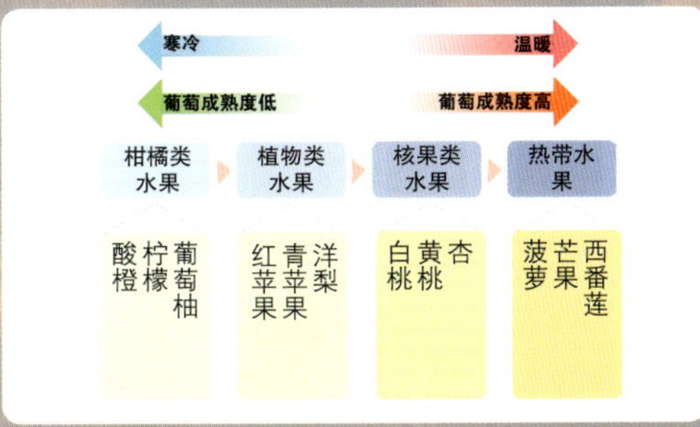

从不易于葡萄成熟的寒冷地区到葡萄完全成熟的温暖地区，可以分为4个区域，每一个区域都有着不同的水果香型。产自最为寒冷地区的葡萄酒，有着葡萄柚、柠檬与酸橙等柑橘类水果的香气。在略微偏冷的地区，葡萄酒中则可以感受到洋梨、青苹果、红苹果等植物类水果的气息。在略微温暖的地区，葡萄酒中含有杏、黄桃与白桃等核果类水果的甘甜，而在产自温暖地区的葡萄酒中，则可以嗅出西番莲、芒果、菠萝等热带水果的滋味。

多次嗅闻是鉴定酒香的关键

上述的这种酒香分类方法很容易掌握，各种果香也都十分常见。为了能够更好地从葡萄酒中感受到这些水果的气息，可以采用边吃水果边饮酒的方法进行练习，效果十分显著。通过尝试各种味道，从而找到与葡萄酒酒香完全吻合的水果香气。对气味的记忆一旦形成，将永远都不会忘记。而掌握气味的关键，则在于多次进行嗅闻。

Lesson 4

记录品酒结论

通过记录品鉴葡萄酒的结论，有助于记忆葡萄酒的类型与香味。在市场上，可以买到各种形式的品酒卡片、品酒记录本，但从类型上来区分的话，大致可以分为两种。一种是自己记录的类型，另外一种则是设有色泽、香气、味道选项的记录本，选出相对应的选项即可。对于初学者来说，建议使用第二种。

自己制作品酒记录本

除了市场上销售的记录本以外，我们还可以利用普通的笔记本制作属于自己的品酒笔记。按照下述条目制作即可：

首先是葡萄酒的信息。在这里，需要记录下葡萄酒的名称、类型（红、白、桃红、香槟）、产地、生产商、进口来源、价格、年份，以及评价（可采用评分法或五分制评分法等）。

针对葡萄酒的印象，设置色泽、香气、味道3个条目。

・在外观这一条目下，要标明葡萄酒酒液的颜色、色泽的浓郁程度、澄清度、黏稠度等要素。

・对于葡萄酒的酒香，详细记录下自己所感受到的香气即可。酒香是会随着时间的推移而发生变化的。可以多次进行，并将酒香的变化记录下来。

・在味道这一栏下，需要记录对甜味、酸味、酒精浓度、味道强弱、酒体、余味等构成要素的印象。建议初学者采用五分制评分法。

此外，还可以将记录好的卡片贴在酒瓶上，这样的话，当你再次拿起酒瓶的时候，就能够迅速而清晰地回忆起葡萄酒的印象。

请务必尽可能多地去接触葡萄酒，这样才能够更深刻地体会到葡萄酒中的奥妙。

产地专栏 1

法国

多种多样的土壤与气候，孕育出不同个性的葡萄酒

众所周知，法国是葡萄酒的王国。在罗马帝国时期，恺撒大帝统治着这片土地，为了安抚百姓、镇压叛乱，他鼓励城民酿造葡萄酒。这也就成为了葡萄酒王国繁荣昌盛的契机。

在法国，几乎全国各地都在生产葡萄酒。主要产区包括波尔多、勃艮第、罗纳河谷、卢瓦尔、阿尔萨斯、朗格多克·鲁西永、汝拉、萨瓦以及西南部，这9个地区与香槟产区构成了法国的十大葡萄酒产区。下面将以波尔多、勃艮第、罗纳河谷以及卢瓦尔几大产区为主，为大家进行介绍。

波尔多产区

波尔多是世界上最大的高级葡萄酒产区。在波尔多中心，有着流向大西洋的吉伦特河及其支流多尔多涅河，葡萄酒的产地便是傍河而建。位于多尔多涅河右岸的波默罗与圣德米利永，吉伦特河左岸的苏特恩、巴尔萨克与格拉芙，以及两海之间产区，都是波尔多极具代表性的产地。梅多克等产区也位于吉伦特河沿岸。

在波尔多地区，用来酿造红葡萄酒的主要葡萄品种有梅洛、赤霞珠、品丽珠、小维铎等。栽培的塞米雍与白苏维翁则主要用来酿造白葡萄酒。波尔多的酿酒师们喜欢将几种葡萄搭配在一起酿造葡萄酒，因此即使产自同一产区，由于选用的葡萄品种及搭配比例不同，每个城堡酒庄的葡萄酒都有着属于自己的独特风味。

梅多克产区生产有世界上最高水准的4款红葡萄酒。分别来自“拉菲·罗斯柴尔德城堡酒庄”、“玛歌城堡酒庄”、“拉图尔城堡酒庄”与“武当王城堡酒庄”。

格拉芙产区的葡萄酒有着独特的醇度，其中“奥比昂城堡酒庄”最具代表性。圣德米利永产区的葡萄酒以梅洛为主体，口感细腻，滋味柔滑。

波默罗产区的葡萄酒酒香浓郁，以丰润而柔和的滋味为特征，其中“柏图斯城堡酒庄”最为著名。苏特恩产区则是贵腐酒的产地，作为世界三大贵腐酒产地之一，苏特恩产区颇具盛名。

勃艮第产区

勃艮第曾作为公国繁荣一时。在公元9~10世纪，有许多修道士在这里修建修道院，并进行葡萄酒的酿造。勃艮第产区依傍着索恩河，呈南北状分布，大致可以分为5个产区，分别为：夏布利产区、科多尔产区、夏隆内产区、马孔区与薄酒莱产区。

勃艮第地区主要种植的红葡萄品种为黑皮诺与佳美，而莎当妮与阿里高特则是用来酿造白葡萄酒的主要品种。

勃艮第出产的葡萄酒中有65%是由批发商种植葡萄或是从酿酒师那里购买新酒，与产自非限定产地的葡萄酒混合后，在市场上销售。

科多尔产区位于勃艮第中心区域。在这片意为“黄金山坡”的土地上，出产着世界上最为著名的葡萄酒。科多尔产区分为南北两个半坡，北半坡名为“夜之谷”，南半坡则名为“布蒙之谷”。北半坡的“夜之谷”主要种植黑皮诺，出产有“香贝坦”、“伏旧园”、“罗曼尼·康蒂”等葡萄酒，而南半坡“布蒙之谷”的莎当妮白葡萄酒颇为著名，如“默尔索”、“考尔通·查理曼”、“蒙哈榭”、“骑士蒙哈榭”等酒，在世界上都享有盛名。

夏布利地区所产的莎当妮白葡萄酒具有独特的个性。此外，因新酒而出名的薄酒莱产区位于勃艮第南端，但在生产规模、生产方式、土壤性质以及葡萄品种等方面，都与勃艮第有着巨大的差异。薄酒莱这片土地酿造的葡萄酒以佳美红葡萄酒为中心。

罗纳河谷产区

罗纳河谷产区位于罗纳河畔，这里种植着多种葡萄，出产的葡萄酒也多由多种葡萄混合酿造而成。

这片产区分为南北两个部分。北部地区为气温变化较大的大陆性气候，而南部地区则为夏天天气晴朗、冬季潮湿多雨的地中海气候。而且北部地区的大部分葡萄田都是花岗岩土壤，南部的土壤表面覆盖有细小的石子。

北部地区的红葡萄酒由西拉这一单一品种进行酿造，种植的白葡萄酒品种则有维欧尼、瑚珊、马尔萨讷等。

“罗帝丘”红葡萄酒与“埃米塔日”红葡萄酒，以及“孔得里约”白葡萄酒等是北部地区极具代表性的葡萄酒。此外，在圣佩雷产区，使用瑚珊、马尔萨讷酿造的起泡葡萄酒，如黄金般沉甸甸的，自古享有盛名。

在南部地区种植的红葡萄酒品种有歌海娜、神索、西拉、佳丽酿、幕尔伟德等，白葡萄酒品种则为克莱雷、瑚珊、白玉霓等。

“教皇新堡酒”是南部地区最具代表性的葡萄酒。辛辣口感的桃红葡萄酒“天芳酒”也十分著名。

卢瓦尔产区

位于卢瓦尔河流域的这片土地受到了大自然的眷顾，气候温暖，日照充足，土壤肥沃，栽培着多种葡萄。其中，

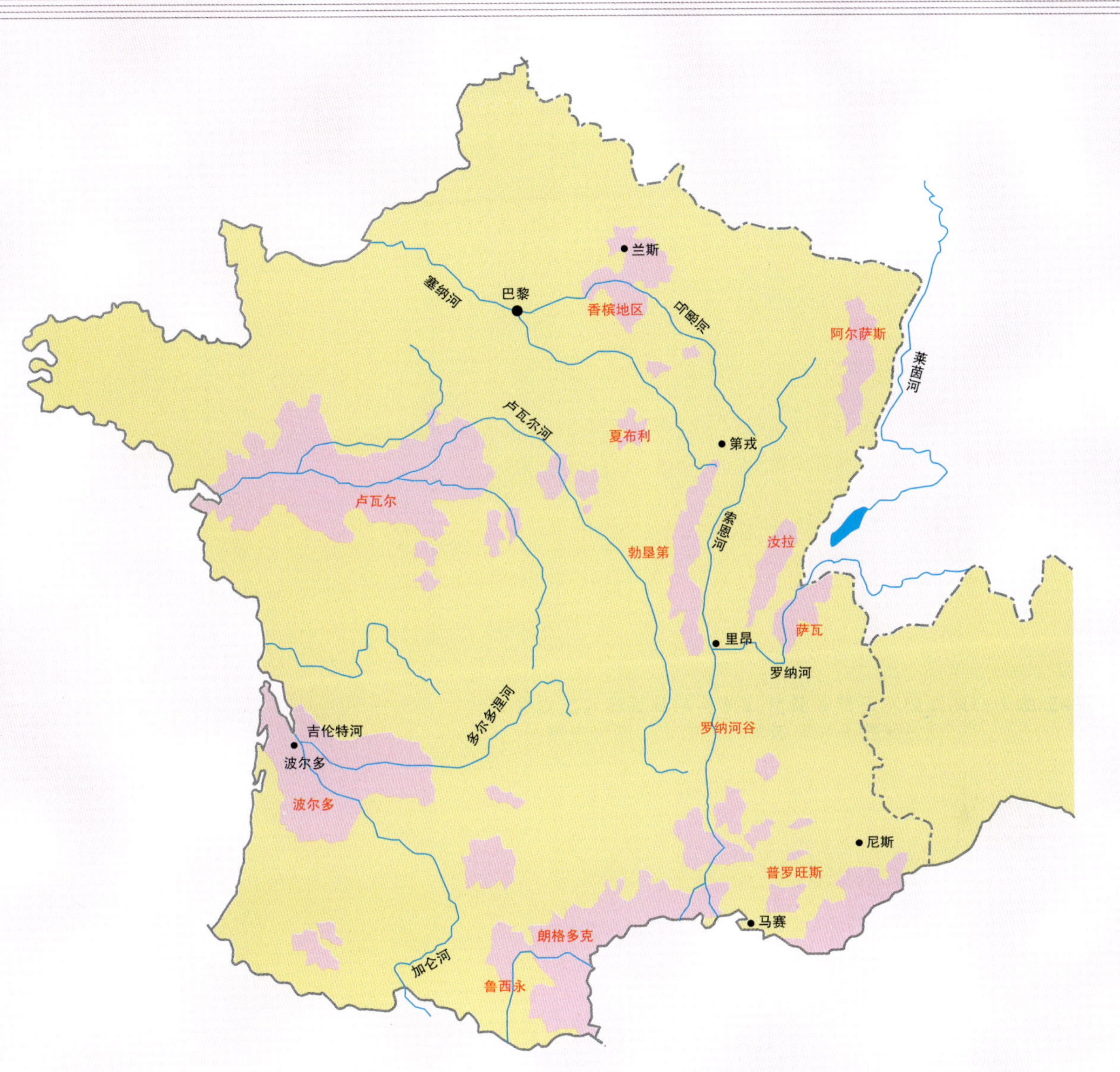

最具代表性的白葡萄酒品种包括白苏维翁、白诗南、密斯卡得等，红葡萄酒品种包括有品丽珠与黑皮诺。这里出产的白葡萄酒占到了总产量的一半以上。

卢瓦尔地区依照河流走势，从下游到上游，大致可分为四个区域，分别为：南特地区、安茹·索米尔地区、都兰地区，以及法国中部地区。

南特地区主产密斯卡得，使用其酿造的辛辣白葡萄酒“密斯卡得”最为著名。安茹·索米尔地区主产柔软而口感甘甜的白葡萄酒，以及甘甜口感的桃红葡萄酒，其中使用格罗吕酿造的桃红葡萄酒“安茹桃红葡萄酒”与使用白诗南酿造的“莱昂白诗南白葡萄酒”极具代表性。

都兰地区酿造的葡萄酒品种丰富，其中，使用品丽珠酿造的“希侬红葡萄酒”与使用白诗南酿造的“沃莱白葡萄酒”最为著名。

法国中部地区位于卢瓦尔河上游。使用白苏维翁酿造而成的“桑赛尔白葡萄酒”与“普伊芙美白葡萄酒”，口感清爽，是中部地区最具代表性的白葡萄酒。

其他产区

法国东北部的阿尔萨斯产区位于孚日山脉与莱茵河之间，与德国接壤。这里使用着与德国相同的葡萄品种，却酿出了异于德国的口感，生产有口感辛辣的白葡萄酒。

阿尔萨斯主要种植雷司令、琼瑶浆、麝香葡萄、灰皮诺、西万尼、白皮诺等品种。在这里，葡萄酒多以葡萄品种来命名。除此之外，使用特级葡萄园迟摘品种酿造而成的“迟摘型（VT）”葡萄酒与“精选型（SGN）”贵腐酒，也十分著名。

自马赛至尼斯，位于地中海沿岸的普罗旺斯产区是法国南部葡萄酒的代表。这里种植着歌海娜、神索、幕尔伟德以及西拉等品种，以生产可以惬意饮用的桃红葡萄酒为主。

PAUL JABOULET AÎNÉ
2007
DUCKHORN VINEYARDS
2006
Penfolds
MARTIN CENDOYA
RESERVA
2004
Valdepeñas

了解葡萄品种，增加品酒乐趣

14种主要葡萄品种

莎当妮 Chardonnay	白苏维翁 Sauvignon Blanc	雷司令 Riesling
塞米雍 Semillon	白诗南 Chenin Blanc	麝香葡萄 Muscat
赤霞珠 Cabernet Sauvignon	梅洛 Merlot	黑皮诺 Pinot Noir
圣祖维斯 Sangiovese	纳比奥罗 Nebbiolo	歌海娜 Grenache
西拉 Syrah	添普兰尼洛 Tempranillo	

在世界上可以用来酿造葡萄酒的葡萄品种不计其数。在考虑了受欢迎程度、种植面积等因素后，挑选出了上述14个主要品种，以促进提高葡萄酒的品鉴能力。从每个葡萄品种的个性出发，对葡萄酒的外观、香气、味道这三方面的不同点进行了浅显易懂的讲解。相信你在了解了各个品种的基本特征后，将会更加喜爱葡萄酒。

品鉴报告

葡萄酒达人
紫贵亚纪的葡萄酒品鉴报告
涵盖14个品种42款葡萄酒
葡萄酒单价更是高达一万日元

莎当妮

在木桶中熟成以增加酒的醇度

叶子：中等大小。裂片间的痕迹很浅，看上去如同一片未分开的叶子。

果实：呈小型球状。成熟后，变为黄色或琥珀色。

果穗：中等偏小，为圆柱形。有歧肩、副穗。

Chardonnay

不挑剔土壤条件，无特殊异味，是世界白葡萄酒市场的统治者

在所有的葡萄品种当中，莎当妮的种植地域最广，分布在世界各个区域（种植面积列第六位）。在葡萄酒商店，酒架上也都摆满了莎当妮葡萄酒。莎当妮葡萄酒的价格不等，便宜的几百日元便可买到，昂贵的可高达数十万日元。只要是酿造葡萄酒的国家，就一定能见到莎当妮葡萄酒的身影。莎当妮统治着当今世界上的白葡萄酒市场，那么，它受欢迎的秘密又在哪里呢？

首先，莎当妮不挑剔土壤条件，对气候的适应能力极强。它可以生长在气候寒冷的德国与英国，也可以生长在气候炎热的印度，而且酿造出的葡萄酒同样美味可口。虽说英国、德国这些地方也有着适合大多数葡萄品种生存的气候，但莎当妮无论在哪里都能够适应当地的气候，并健康地生长着。莎当妮葡萄酒受大众欢迎的另外一个原因则是由于它没有特殊异味，适合大多数人群的口味。可见，葡萄酒的酿造者们争前恐后地种植莎当妮，并不是毫无道理的。

由此开启葡萄酒品鉴之路，提升你的品酒能力

普利尼·蒙哈榭白葡萄酒 2007/亨利·伯伊洛酒庄

13.5° /10,185日元

除去位于最北端的夏布利产区，布蒙之谷产区则为勃艮第地区莎当妮的中心产地。特别是该地区的三大村庄——默尔索、普利尼·蒙哈榭以及夏莎妮·蒙哈榭，这里酿造着勃艮第地区最受欢迎的莎当妮葡萄酒，是生产莎当妮的黄金地带。这些村庄中有着公认的特级葡萄田与一级葡萄田，诞生于此的葡萄酒更是令勃艮第葡萄酒爱好者们垂涎欲滴。

亨利·伯伊洛酿出的白葡萄酒与红葡萄酒具有超高的品质，享有盛誉，是世界上顶级酿酒师之一。由于伯伊洛是一名具有洁癖的完美主义者，因此，他所酿造的葡萄酒都拥有无瑕的通透感。

纳帕谷莎当妮白葡萄酒 2007/蒙特雷纳城堡酒庄

13.8° /7,245日元

从数量上来说，美国加利福尼亚州的莎当妮种植面积远远超过了法国勃艮第地区。这里出产有许多低价位的葡萄酒，支撑着葡萄酒世界的最底层，但也产有位于最上端具有超高品质的葡萄酒。如果说起果实滋味丰盈、味道浓郁的莎当妮，加利福尼亚州葡萄酒的品质也堪称世界第一。

在1976年的巴黎品酒会上（详情敬请参看赤霞珠），蒙特雷纳酒庄的白葡萄酒力压法国获得优胜。同时也使蒙特雷纳城堡酒庄一夜成名。而且在此后的30年间，该酒庄的莎当妮白葡萄酒的味道未曾发生改变。果实滋味丰富而不失新鲜感，绝妙的平衡感更是世间罕有。

夏布利利斯高级葡萄园白葡萄酒 2007/龙德帕基酒庄

15° /6120日元

虽说莎当妮分布于世界各地，但作为原产地，产自法国勃艮第产区的葡萄酒享有的盛誉最高。勃艮第呈南北走势，是一块狭长的区域，所以，该地区出产的莎当妮类型不尽相同。夏布利地区位于勃艮第产区的最北端，这里气候寒冷，因此，产自夏布利的葡萄酒以强劲的酸味与矿物质感而著称。

龙德帕基酒庄拥有悠久的历史，曾于12世纪在此经营酿造葡萄酒的西多会修道院是其前身。龙德帕基酒庄因拥有夏布利产区的第八块非正式特级葡萄园“武当尼葡萄园”而知名。在酿造与熟成过程中，对木桶的使用进行控制，因此，在龙德帕基酒庄出产的葡萄酒中可以清晰地感受到“火石香气”，是典型的夏布利葡萄酒。

・上述葡萄酒价格仅供参考。

3款莎当妮葡萄酒的品鉴

外观·香气·味道

1

Puligny-Montrachet 2007 / Domaine Henri Boillot

普利尼·蒙哈榭白葡萄酒 2007

外观呈现为淡淡的柠檬黄。绿色的色调在一点点地减退。

酒香中含有黄桃、欧洲李的味道，与第三款产自夏布利的葡萄酒相比，这款酒中呈现出的水果香气糖分更高。产生于木桶熟成过程中的杏仁芳香，柔和而略显收敛。这是完全成熟的果实风味与木桶风味完美融合的结果。

入口后，可以感受到丰盈而圆润的酸味，以及略有收敛的果实滋味。恰到好处的酒精浓度，使这款葡萄酒给人留下高贵典雅的印象。

2

Chardonnay Napa Valley 2007 / Château Montelena

纳帕谷莎当妮白葡萄酒 2007

酒液为淡淡的柠檬黄色。因葡萄完全成熟而不带有绿色。从挂杯现象的强弱程度可看出酒精浓度的高低。

酒杯中散发着浓郁的酒香，浓缩感极强。其中，糖水黄桃、香子兰、蜂蜜等甘甜的香气十分显著。此外，肉桂、丁香等香气若隐若现，为这款葡萄酒增添了一抹色彩，使其不显单调。

味道方面，由于这款葡萄酒有着厚重的黏着性，因此，饮用时在口中会留下黏稠感。柔和的酸味与浓缩的果实香气再次呈现，使葡萄酒的滋味更加丰盈、浓郁。

3

Chablis 1er Cru Les Lys 2007 / Domaine Long-Depaquit

夏布利利斯高级葡萄园白葡萄酒 2007

外观为柠檬黄，带有极浅的绿色。黏性较弱，从外观来看，该酒产自气候寒冷的地区。

酒香的分量感稍显不足。可以嗅到酸橙与柠檬皮等酸性较高的水果香，同时散发出细叶芹、茴香等清新的香草气息。而且，矿物质的独有风味给人留下了坚实的印象，令人不禁联想到雨后湿润的岩石。

在味道方面，丰富而尖锐的酸味，带来了极强的穿透力。之后弥散出的是品质上乘的果实滋味，以及与酒香相同的矿物质感。最后，轻盈而绝妙的余味在口中萦绕，给人留下爽快而清新的整体印象。

莎当妮的香气

无品种固有香气，酒香随产地气候及木桶状态而变化

莎当妮葡萄酒的香气没有特征，或者可以说，莎当妮这一葡萄品种没有特定的香气。这应该也可以算作是莎当妮的特点所在（或者也正是因为这一点，莎当妮才被大众所接受并认可）。气候状况、土壤条件以及酿造工艺、熟成方法，这些要素都可以影响到莎当妮葡萄酒中的香气。下面就让我们以果实气味来举例吧！在寒冷气候的土地上生长的莎当妮，酿成的葡萄酒中含有柠檬、酸橙等柑橘类水果的香气，而且这种气息十分强烈。相反，在温暖气候下生长的莎当妮，酿成葡萄酒后，酒中富含热带水果气息，可以嗅出芒果、番木瓜、菠萝等果香。

木桶的香气是莎当妮葡萄酒酒香的构成要素之一，这种香气并非来自葡萄，但却成为了一种普遍现象。这是由于大多数使用莎当妮酿造而成的葡萄酒都要在木桶中度过熟成期，或者在栎木桶中沾上栎木的香气。因此，每当嗅到香子兰的香气，品酒师们就会自然而然地在脑海中联想到莎当妮，对于他们来说，这已经成为了一种条件反射。

Chardonnay

莎当妮的味道

具有醇度，但味道随产地气候、酿造工艺、熟成方式等因素变化

在味道方面，莎当妮也没有固有的特点。产地气候、土壤特性、酿造工艺、熟成方式等外在因素，塑造了莎当妮葡萄酒的味道。产自寒冷地区的莎当妮，它酸味极强、矿物感极强的特性将被激发出来，而生长在气候温暖条件下的莎当妮，酿成的葡萄酒酒体厚重、酒液具有重量感。价格低廉的莎当妮，每支酒中只有单一的味道，而产自伟大葡萄田的特级名品，风味却极其复杂，余味绵长，引人回味（这样的葡萄酒酒龄大多很高）。

饮用莎当妮的时候，在中间阶段可以感受到极强的醇度，可以说这是莎当妮味道当中唯一一个积极的特征。由于莎当妮葡萄酒具有醇度，所以不必担心其味道会输给木桶风味。而且恰是因为木桶的风味，莎当妮的醇度才会有着进一步的加强。这两种风味相辅相成，也就成为了莎当妮使用木桶熟成的原因所在。

白苏维翁

所酿葡萄酒几乎无甘甜口感，清爽轻盈为其优点。

叶子：中等大小，呈浓郁的绿色。有5片或3片裂片。

果实：偏小，呈球状或椭圆形。成熟后，果皮变为黄绿色。

果穗：偏小，呈圆柱状或球形。果实颗粒分布密集。

Sauvignon Blanc

香气、味道极具特点，是国际化的白葡萄酒品种

原产自法国的白苏维翁，排名紧随莎当妮与雷司令，是世界第三大白葡萄酒品种。在法国，卢瓦尔地区东部、中部地区，以及波尔多地区，都种植着大量的白苏维翁，因此，究竟哪里才是白苏维翁的原产地，至今尚未有定论。

除了法国，白苏维翁在智利、美国、南非等其他国家也受到了大众的追捧。虽说种植面积不是十分广阔，但新西兰也是白苏维翁的主要产地之一。

在世界各地，广泛种植着白苏维翁，其优秀的品质博得了大众的喜爱，成为了仅次于莎当妮的第二大选择。但实际上，适宜白苏维翁生长的区域并不是十分广阔。清爽的口感是白苏维翁的卖点，但如果气候过于温和，酿出的葡萄酒将会丧失其高雅的特性，沦为极为普通的葡萄酒。

人们对于白苏维翁极具个性的香气与味道有喜有恶，因此饮用者中有着大量的狂热追捧者，也有着许多无法接受其特殊个性者。另外，白苏维翁不适合长期熟成，因此这成为了该品种的弱点。

由此开启葡萄酒
品鉴之路，提升你的
品酒能力

纳帕谷富美白葡萄酒 2007/罗伯特蒙大菲酒园

14.5°/4230日元

产自加利福尼亚州的白苏维翁葡萄酒，有着一个独特的别名——富美白葡萄酒。富美葡萄酒为经木桶熟成、较强劲的葡萄酒（也可称为波尔多风格葡萄酒）。“富美”这一词语，在法语中为“烟熏”之意。因此，这个名字表明葡萄酒在经过木桶熟成后产生了烟熏的风味，但与卢瓦尔地区的著名产地普伊芙美的名字也有着一定的关联性。

罗伯特·蒙大菲酒庄，是加利福尼亚州首个创造出木桶熟成白苏维翁葡萄酒的酒庄，并将这种酒起名为富美白葡萄酒。酒庄创始人蒙大菲先生被誉为“加州葡萄酒之父”，他不断尝试革新，提高酿造技术，最终使得加州葡萄酒显赫全球，改变了美国葡萄酒的世界声誉。

马尔堡白苏维翁葡萄酒 2008/云雾之湾酒庄

13°/3675日元

位于新西兰南岛的马尔堡地区，种植白苏维翁的历史仅有30余年，但现已成为具有“世界水平”的产地。寒冷的气候使得这里所产的白苏维翁葡萄酒与卢瓦尔产区相似，带有尖锐之感，但同时具有浓郁的果实滋味，爆发性极强。

马尔堡地区自1973年起开始种植白苏维翁，但直至云雾之湾葡萄酒的诞生，才使得马尔堡葡萄酒登上世界舞台，成为举世瞩目的明星。云雾之湾酒庄创建于1985年，原为澳大利亚曼达岬酒庄旗下的葡萄酒生产商，但成立不久后其知名度便远远超过了母公司。作为新兴“古典葡萄酒”的代表，云雾之湾这一名字镌刻在了20世纪葡萄酒历史之上。

桑赛尔白葡萄酒 2007/诺宰酒庄

12.5°/3024日元

提起法国的代表葡萄品种苏维翁，首先想到的便是位于卢瓦尔产区的桑赛尔与法国中部地区的普伊芙美。桑赛尔与普伊芙美隔河相望，被誉为双子产地。这里出产的白葡萄酒口感轻盈爽快，极富矿物风味。相比而言，两地所产的葡萄酒之间存在有微妙的差异，桑赛尔白葡萄酒更为强劲，而普伊芙美白葡萄酒的酒香则更为浓郁。

诺宰酒庄是桑赛尔地区的小规模生产商，仅酿造白葡萄酒。而庄主的妻子，则是德拉罗曼尼康蒂庄园部分所有者德维莱纳先生的妹妹。因此在葡萄酒哲学方面与哥哥所酿的葡萄酒相通，即种植纯天然的葡萄、重视土壤的个性。

·上述葡萄酒价格仅供参考。

3 款白苏维翁葡萄酒的品鉴

外观 · 香气 · 味道

4

Fumé Blanc 2007/ Robert Mondavi

纳帕谷富美白葡萄酒 2007

酒液为淡淡的柠檬黄色。酒脚从酒杯边缘处缓慢滴落。

酒香中洋溢着葡萄柚、洋梨等水果的香气，并可以轻微地感受到黑醋栗树叶般的植物类气息。但与产自新西兰、桑赛尔的⑤、⑥两款葡萄酒相比，这款酒中绿色植物类香气含量极少，取而代之的是更为浓郁的香子兰芳香与烟熏滋味。

在入口印象方面，这款葡萄酒充满能量，在3款酒中最具重量感。完全成熟的果实与强劲的木桶风味给人以深刻的印象。果实滋味战胜了强有力的木桶风味，便是葡萄完全成熟的证据。

5

Cloudy Bay Sauvignon Blanc 2008

马尔堡白苏维翁葡萄酒 2008

颜色极淡，为柠檬绿色。边缘清澈透明，沿酒杯边缘延伸。

与外观的低调相反，酒香强劲有力，分量感十足。西番莲、奇异果等南国水果，以及水芹、芦笋等蔬菜的香气占据着主导地位。

在味道方面，这款葡萄酒酸味结实、酒体轻盈。余味过后，喉咙处渐渐变得温和，由此可以推断出酒精浓度。这款葡萄酒产自气候寒冷且日照充足的地区，可以享受到新西兰大地的滋味。

6

Sancerre Blanc 2007 / Domaine du Nozay

桑赛尔白葡萄酒 2007

从外观可以断定这款酒产自气候寒冷的地区。酒液为柠檬黄色，并带有浓郁的绿色。清澈透明的边缘占据主导地位。

酒香清新，散发着柠檬、酸橙等柑橘类水果的芳香，同时带有青草般的清凉之感。

入口后，首先感觉到的是尖锐的酸味。同时能够体会到坚实的矿物质风味，给人留下一丝凛然之感。余味绝妙而干脆，不会令人产生厌烦，是一款清爽的葡萄酒。冷藏后饮用风味更佳。

白苏维翁的香气

三大香气特征——植物类、柑橘类、绿植类

食品的气味化学研究，是针对各种葡萄的香气构成，及其生成过程进行的学术研究。在各个葡萄品种当中，白苏维翁的味道化学研究进展最为迅速。

根据现有科研成果，我们可以了解到，白苏维翁具有特征的香气大致可以分为3种。第一种是表现为青草、香草等气味的植物性香气。赤霞珠作为其子品种，表现出的青椒气息，在成分构成方面与白苏维翁相同。第二种是能够使人联想到葡萄柚的柑橘类香气。但如果产自气候较为温和的地区，白苏维翁则含有西番莲等热带水果的气息（这两种果香由相同成分构成，但所含浓度不同）。第三种则是绿植类的香气，如黑醋栗树叶、黄杨树叶芽等。这种气息十分奇妙，有时候甚至会表现为猫尿的味道。

天门冬

黄牙树叶

结缕草

西番莲

葡萄柚

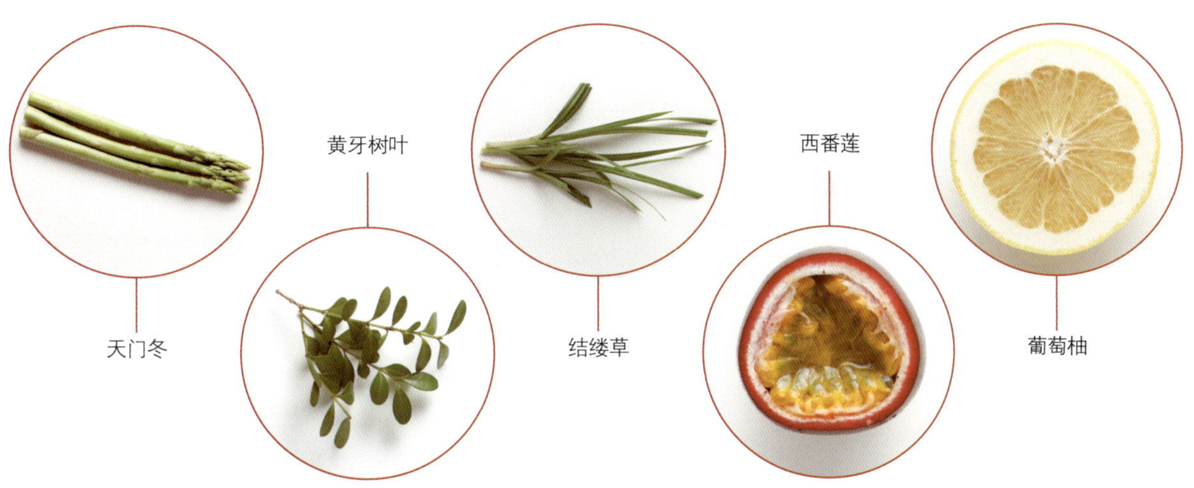

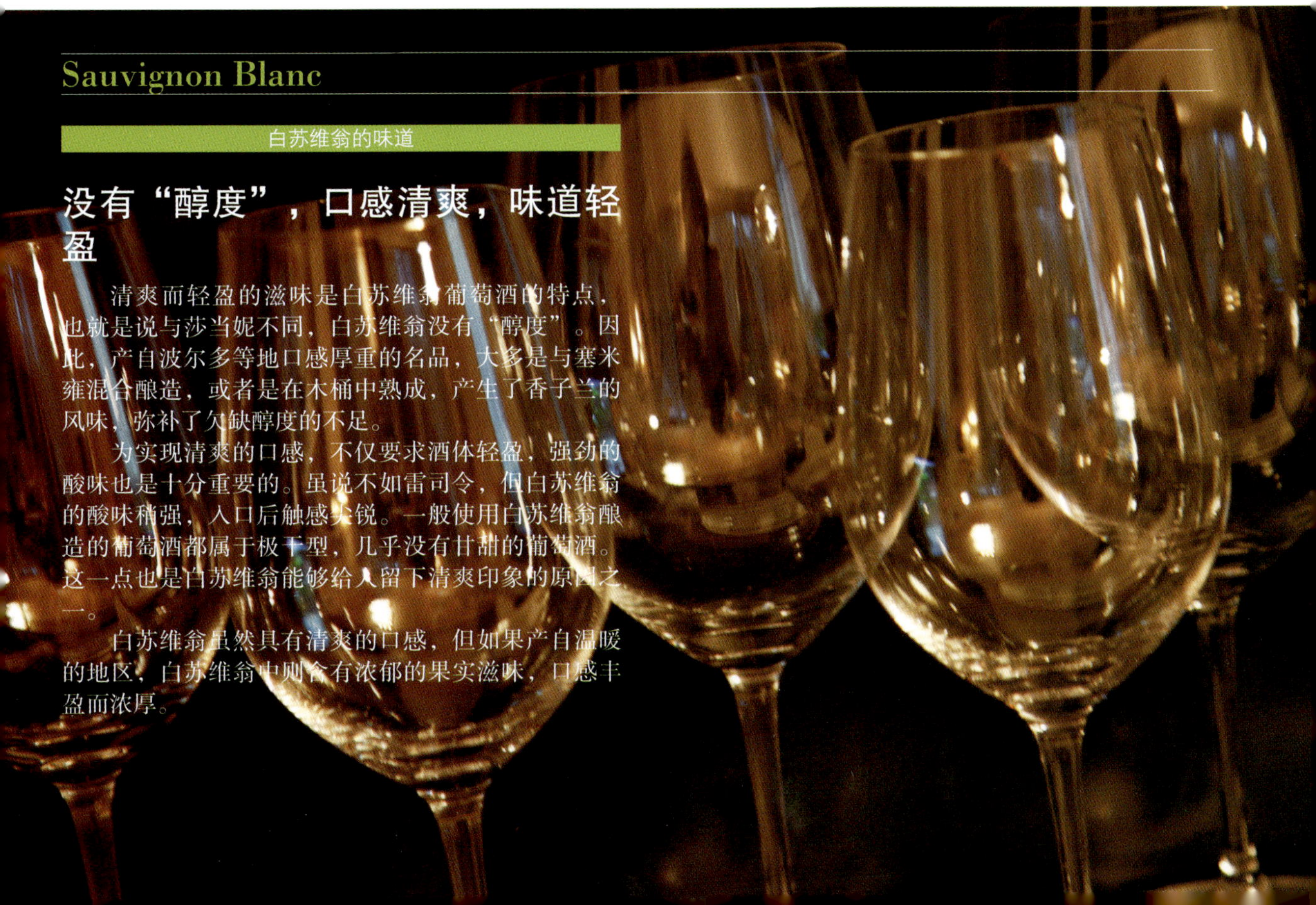

Sauvignon Blanc

白苏维翁的味道

没有“醇度”，口感清爽，味道轻盈

清爽而轻盈的滋味是白苏维翁葡萄酒的特点，也就是说与莎当妮不同，白苏维翁没有“醇度”。因此，产自波尔多等地口感厚重的名品，大多是与塞米雍混合酿造，或者是在木桶中熟成，产生了香子兰的风味，弥补了欠缺醇度的不足。

为实现清爽的口感，不仅要求酒体轻盈，强劲的酸味也是十分重要的。虽说不如雷司令，但白苏维翁的酸味稍强，入口后触感尖锐。一般使用白苏维翁酿造的葡萄酒都属于极干型，几乎没有甘甜的葡萄酒。这一点也是白苏维翁能够给人留下清爽印象的原因之一。

白苏维翁虽然具有清爽的口感，但如果产自温暖的地区，白苏维翁中则含有浓郁的果实滋味，口感丰盈而浓厚。

雷司令

丰盈而强劲，具有高贵优雅的气息

果实：为小型球状颗粒。果皮为绿色，略微发白。

叶子：偏小，裂片为3~5片。有时会出现裂片相互重叠的情况，从而看上去如同没有裂片。

果穗：呈小型圆柱体或球形。有歧肩、副穗。果实颗粒分布密集。

Riesling

两大高贵葡萄品种之一，产地不同出产的类型不同

雷司令与莎当妮齐名，为“两大高贵葡萄品种”之一，但在特征上，却与莎当妮有着巨大的差异。

莎当妮可以适应各种气候条件，而雷司令则十分挑剔葡萄田的环境。首先，雷司令要求寒冷的气候条件。而且，为推迟葡萄的成熟期，雷司令需要一个漫长而干燥的秋季。世界上兼备上述两个条件的地区屈指可数。德国，法国阿尔萨斯地区，奥地利，澳大利亚南部，都是雷司令的名产地。

产自不同地区的雷司令，有着不同的味道，恰恰是这种地域间的差异激发了葡萄酒爱好者对雷司令的喜爱之情。雷司令很难发生基因突变，变异物种也很少（大约只有60种），因此，雷司令葡萄酒之间的不同口感反应了各产地土壤的不同特性。

从酒杯之中感受葡萄田的土壤特性，是品尝葡萄酒的一大乐趣所在。雷司令则可以让你更好地享受到这种乐趣。

由此开启葡萄酒品鉴之路，提升你的品酒能力

7 8 9

伊慕施华格珍藏雷司令葡萄酒2006/伊慕酒庄

15°/7,040日元

产自德国的雷司令葡萄酒具有独特的风格，低酒精浓度、甘甜的口感便是其最大的特征。摩泽尔地区出产有德国最为甘甜的葡萄酒。其中，最受瞩目的是位于萨尔州的伊慕施华格葡萄园。自1797年起，伊慕家族便拥有了这个葡萄园中的大部分田地。产自这里的葡萄酒，纤细而典雅极致，被誉为“最高等级的雷司令葡萄酒”。

在伊慕施华格葡萄田，每年可以酿出多款不同甘甜程度的葡萄酒。浓厚而甘甜的贵腐葡萄酒，其市价甚至可以超过50万日元，而这次所推荐的珍藏型雷司令，属于最为清淡的类型，因此价格相对较低。但是，这款酒至少需要经过10年的熟成期才能成熟，而达到顶峰时期的滋味，更是妙不可言。

瓦豪河谷斯特恩雷司令葡萄酒2006/尼古拉霍夫酒庄

13°/7,035日元

奥地利的瓦豪河谷地区，可以说是雷司令的天然宝库。瓦豪河谷位于高纬度地带，与阿尔萨斯相同，有着干燥而温暖的气候条件，因此，产自瓦豪的雷司令葡萄酒酒精浓度较高，酒体温和。奥地利出产的雷司令葡萄酒全部属于辛辣类型。

被公认为“瓦豪之星”的尼古拉霍夫酒庄创立于985年，拥有奥地利最为古老的葡萄田。奥地利是环境保护方面的发达国家，其有机种植率为欧洲第一。其中，尼古拉霍夫酒庄因早期引进“自然动力种植法”而被众人知晓。与自然共存，是尼古拉霍夫酒庄的经营理念，因此他们的葡萄酒纯粹而具有通透感。

阿尔萨斯特欧雷司令葡萄酒2007/韦恩巴赫酒庄

13°/5,607日元

阿尔萨斯产区位于法国东北部，与德国接壤。这里的葡萄酒受到了德国的强烈影响，是法国境内唯一一块种植雷司令的区域。但与德国不同，这里出产的葡萄酒以辛辣口感为主。与德国相比，阿尔萨斯的气候更加温暖，因此，这里的葡萄果肉更为厚实。

韦恩巴赫酒庄创建于1612年，是阿尔萨斯地区屈指可数的著名庄园，这里的葡萄田历史更为悠久，甚至可以追溯到公元9世纪。由于葡萄在种植过程中采用了名为“自然动力种植法”的纯天然生态栽培技术，因此，所酿出的葡萄酒同时兼备纤细与刚强的特性，堪称完美。

特欧这个名字，源于上一代庄主特欧·弗莱尔。在他去世之后，其妻克莱特·弗莱尔继续经营着韦恩巴赫酒庄。

·上述葡萄酒价格仅供参考。

3 款雷司令葡萄酒的品尝鉴

外观・香气・味道

7

Scharzhofberger Kabinett 2006 / Egon Müller

伊慕施华格珍藏雷司令葡萄酒2006

酒杯的中心部分呈现为淡淡的柠檬黄。酒脚短促，给人以年轻的印象。

首先嗅到的便是优雅的花香，酒中洋溢着铃兰、橘子花等白色小花的香气。紧接着扑鼻而来的是白桃、欧洲李、青苹果等清新的水果香，纯粹而具有通透感。

入口后，可以隐约感受到酒中残留的糖分。酒中酸味清新，与甜度达到完美平衡。酒体轻盈，酒精浓度适中，酒液滑过喉咙，给人留下轻快舒适之感。如钢琴弦般纤细而绵长的余味，给这款葡萄酒赋予了奢华的印象。

8

Nikolaihof Von Stein Riesling Smaragd 2006 / Nikolaihof

瓦豪河谷斯特恩雷司令葡萄酒 2006

中心部分为柠檬黄色，向酒杯边缘处逐渐过渡为无色透明，呈现出美丽的色阶。

这款葡萄酒中有着杏子般的水果浓香，清新不发黏，同时，矿物质成分丰富，给人以紧绷感。稍有收敛的花香，是该酒的点睛之笔。

酒中保留了纯天然的滋味，特别是酸味、果实滋味与矿物质感，这三者之间达到了完美的平衡，自然而绝美。酒中的果实滋味纯粹而无杂味，饮用后令人心情舒畅。余味由中程延伸至后半程，完美无瑕，无可挑剔。

9

Riesling Cuvée Théo 2007 / Domaine Weinbach

阿尔萨斯特欧雷司令葡萄酒2007

酒液颜色为清澈淡雅的柠檬黄。酒脚沿酒杯侧面缓慢落下。

黄桃与红苹果的香气是这款酒给人的第一印象。与第⑦款葡萄酒相比，酒中果实所含糖分更高，表现出阿尔萨斯产区葡萄独有的成熟高度。随之而来的是优雅的花香，金银花、橘子花等花朵的香气逐渐散发开来。

此酒口感辛辣，酸味如水晶般整体通透。酒体轻盈，黑色矿物质感极强。余味绵长，在口中萦绕。

雷司令的香气

华丽而高贵的浓郁芳香，令人陶醉

雷司令的香气可用“浓郁芳香”一词来形容，是这类葡萄品种的代表。金银花、铃兰、橘子花，雷司令的香气如同这些白色的小花儿，散发着浓郁的芳香，华丽而高贵，令人陶醉。此外，不同产地的雷司令有着不同的香气，但青苹果、白桃等新鲜水果的气息，纯粹而清新，惹人喜爱。

之所以能够在雷司令中感受到这种清新而纯粹的滋味，是因为雷司令这一葡萄品种自身带有丰盈而强劲的果香。因此，酿造葡萄酒的时候，没有必要像莎当妮那样，采用小桶熟成等方法，使之产生浓郁的芳香。仅需保持原有果香便可酿成极具魅力的葡萄酒。所以说，雷司令在各个葡萄品种中，是一位不需要精心打扮的“素颜美女”。

另外，雷司令的香气可以使人联想到石油制品，这也是雷司令的另一个特征所在。年轻的雷司令当中并不含有这种味道，只有在成熟的雷司令中才可以感受到。

雷司令的味道

从淡淡的甘甜到浓郁的甘甜，口感类型丰富

雷司令的香气是一位“素颜美女”，同样，它的味道也不需要装扮，这就是它的特点。前面也已经说过，雷司令在酿造过程中，不需要在小桶中进行熟成，因此，酒中完全不含有木桶的苦味以及烟熏等味道。能够品尝到的只有来自雷司令果汁中的糖分、酸味以及果实滋味。特别是雷司令的酸味，纯正而清爽，具有十足的分量感。高酒龄赋予了雷司令丰富的酸味。酒龄高的雷司令甚至可以在酒瓶中连续陈酿100年，这样的雷司令在开瓶后，酸味可以持续数日之久。

而且，雷司令并非只能酿造出辛辣口感的葡萄酒，清淡的甘甜，乃至极度浓郁的甘甜，雷司令可以酿造出各种口感的葡萄酒。在世界上为数不多的甘甜葡萄酒中，雷司令的“高雅品质”与“清澈感”不会因残留糖分过高而丧失，因此受到了极高的赞赏。雷司令之所以能够维持其清爽的口感，是因它丰富的酸味中和了酒中残留下的糖分。

塞米雍

黏稠度极高，具有如同咀嚼年糕一般的独特口感

叶子：中等大小，有 3 片 或 5 片 裂片。

果实：中等偏大，呈球状或椭圆形。成熟后，呈黄色，或带有金色。

果穗：中等大小，呈圆锥形，有歧肩、副穗。果实颗粒分布中等偏密集。

Semillon

味道界限不清晰，可以酿出或甘甜或辛辣的葡萄酒

塞米雍是一种像谜一样的葡萄。在滴金庄，产有世界上最为著名的甘甜葡萄酒，其中，塞米雍的比例占到了80%以上，但其味道的界限暧昧而不清晰，令人困惑不解。

那么为何说塞米雍味道的界限不清晰呢？原因有以下几点：其一，塞米雍可以酿造出甘甜以及辛辣口感的葡萄酒，而且甘甜与辛辣之间有着巨大的差距。其二，塞米雍在辛辣口感的葡萄酒中担任白苏维翁的配角，酒中仅混合有极少量的塞米雍。其三，澳大利亚的猎人谷是塞米雍的主要产地之一，但在那里，塞米雍名为“亨特·雷司令（Hunter Riesling）”，与实际品种名称完全没有关系。

由于味道界限的不清晰，塞米雍一直都未得到过很高的评价，但自古至今，塞米雍缔造了许多高品质的葡萄酒。在波尔多的格拉芙产地，塞米雍与其他品种搭配，酿造辛辣口感的葡萄酒。而在同属波尔多地区的苏特恩产区与巴尔萨克产区，塞米雍担任主角，酿造出了口感极为甘甜的葡萄酒。

由此开启葡萄酒品鉴之路，提升你的品酒能力

10 苏特恩留赛克卡莫白葡萄酒 2006/拉菲留赛克庄园

13.5°/4,357日元

产自波尔多地区苏特恩产区的贵腐酒是最高等级的塞米雍葡萄酒。从西隆河上升起的晨雾，为贵腐菌的繁殖提供了理想的生存条件，这种尊贵而典雅的滋味可谓是大自然的杰作。

滴金庄是苏特恩产区的头号酒庄，而留赛克堡紧随其后，排名第二。自1985年起，留赛克堡成为梅多克产区顶级酒庄拉菲酒庄旗下一员，原有的高水准品质得到了进一步提高。留赛克卡莫白葡萄酒是留赛克堡的副牌葡萄酒。其价格相对较低，而且将苏特恩白葡萄酒的魅力展现得淋漓尽致，是一款值得购买的名品。

11 猎人谷塞米雍葡萄酒 2007/德保利酒庄

11.5°/3,182日元

一般情况下，产自澳大利亚的塞米雍葡萄酒味道浓郁，酒精浓度高，且带有极强的木桶风味。但这款酒是个例外。位于新南威尔士州的猎人谷，出产有辛辣口感的塞米雍葡萄酒，由于其具有①较低的酒精浓度（10.5° ~11.5° ）、②极强的酸味、③清新爽快的味道等不符合大洋洲葡萄酒特性的独有风格，受到了来自世界各地的瞩目。令人颇感意外的是，猎人谷所产的塞米雍葡萄酒与雷司令相同，需经过长期熟成。

德保利酒庄创建于1928年，创始人德保利是来自意大利的移民。该酒庄酿造的苏特恩型塞米雍贵腐酒与贵族一号甜白葡萄酒最为著名，但这款产自猎人谷的辛辣塞米雍白葡萄酒也十分经典，具有颇高的人气。

12 波尔多留赛克堡R白葡萄酒2007/拉菲留赛克堡

12.5°/3,129日元

苏特恩产区的酒庄，即使生产有品质卓越的贵腐酒，也可能会遇到经营困难的时期。近数十年来，极为甘甜的葡萄酒销售状况极差，人气持续低迷。

为缓解这种困难局面，生产者们想出了一条妙计，将一部分葡萄田开发出来，改为酿造辛辣的葡萄酒，正是这条妙计使酒庄的经营状况起死回生。与贵腐酒相比，干型葡萄酒的成品率更高，因此，降低了葡萄酒的成本价，更重要的是干型葡萄酒销路极为广泛。而且清新的干型葡萄酒与贵腐酒相比，上市时间更早。虽然有人会说“这是为了酒庄的现金周转”，但是，没有谁肯轻易错过一款品质超群且价格合理的葡萄酒。留赛克堡R白葡萄酒，便是留赛克堡酿造的优质名酒之一。

・上述葡萄酒价格仅供参考。

3 款塞米雍葡萄酒的品鉴

外观・香气・味道

10

Sauternes Carmes de Rieussec 2006

苏特恩留赛克卡莫白葡萄酒2006

从中心至边缘，艳丽的金黄色充斥在酒杯之中。酒脚黏稠，附着在酒杯内壁上，回落缓慢。饮用后令人心情舒畅。

菠萝等果香浓郁，充满南国风情，糖水黄桃等果香浓缩感极强。产生于新木桶熟成过程中的香子兰香气，使这款葡萄酒更具充实感。

这款口感极为甘甜的葡萄酒，浓郁而醇香，仿佛在舌尖上融化开来。沉稳圆润的酸味与甜味达到了完美平衡。

11

De Bortoli Hunter Valley Semillon 2007

猎人谷塞米雍葡萄酒2007

酒液颜色极淡，为接近透明的柠檬绿色。酒杯边缘处呈现为完全透明状。由此可以断定这款酒酿造于寒冷的气候条件下，且酒龄尚浅。

酒香分量感不足，给人以纯朴的印象。隐约散发着柠檬、酸橙等酸度极高的水果芳香，以及鼠尾草等香草与羊毛脂的味道。

酸味尖锐，酒体轻盈，无令人生厌的特殊味道。酒精浓度低，易于饮用。这款葡萄酒适合在尚未成熟的时候饮用，而且冷藏后饮用味道更佳。

12

Bordeaux Blanc Sec R de Rieussec

波尔多留赛克堡R白葡萄酒2007

酒杯的中心部位呈现为淡黄色。酒液中的绿色色调完全消失。

酒中含有木瓜、欧洲李等上乘的水果浓香。橘子花、陈皮等芳香气息为葡萄酒增添了一抹华丽的色彩。

口感辛辣，酸味正统而稠密。果实滋味恰到好处，酸味与酒精浓度达到完美平衡。这一完美的构成无可挑剔，能给人留下美好的记忆。余味绵长，在结束之时可以感受到矿物质的滋味。

塞米雍的香气

辛辣口感极为清爽，甘甜口感甘美浓郁

塞米雍可以酿出辛辣口感与甘甜口感两种类型的葡萄酒，方向性极为明确。由于这个原因，塞米雍成为了一种神秘而具有趣味性的葡萄。

在辛辣口感的葡萄酒中，塞米雍的芳香性较弱，可以感受到清爽的柑橘类水果香，以及羊毛脂（即用羊毛脂肪精制而成的油脂混合物）的香气。当葡萄酒经过陈酿成熟之后，这些气息将变成蜂蜜与吐司的味道。

在甘甜口感的葡萄酒中，塞米雍的味道甘美而浓郁，华丽而极富魅力。酒中洋溢着菠萝、黄桃、香子兰以及果子露的香气，丝毫找寻不到塞米雍在辛辣口感葡萄酒中的身影。

那么为何塞米雍在甘甜葡萄酒中会发生这种变化呢？“贵腐菌”便是使塞米雍发生变化的秘密原因之一。由于塞米雍的果皮非常薄，在气候潮湿的地区，这种贵腐菌大量聚集在塞米雍果皮的表面，形成了许多小孔，从而导致果肉中的水分蒸发，形成了高糖分的果汁。在新木桶中熟成，则是塞米雍发生变化的第二个秘密所在。塞米雍在新桶中经过熟成之后，口感将变得更加醇厚，酒香更加浓郁。

Semillon

塞米雍的味道

黏稠度高，口感独特

塞米雍的口感十分特殊，如同石蜡一般，具有弹性而且结实。酒液黏稠度极高，入口后就好像在咀嚼年糕一样。在葡萄酒中，无论甘甜或是辛辣，塞米雍的这种独特个性均得到了很好的体现。

在辛辣的葡萄酒中，塞米雍与白苏维翁是一对形影不离的好朋友。白苏维翁扮演主角，将浓郁的芳香与强劲的酸味发挥得淋漓尽致，而塞米雍在担任配角的同时，为葡萄酒提供了醇度。这种类型的葡萄酒在波尔多地区十分常见，而且当地酿酒师喜欢使用橡木桶熟成葡萄酒，因此在口中可以感受到烟熏的滋味。近来，有些澳大利亚的产酒商为了追求商业利益，将塞米雍与莎当妮搭配，生产出一种名为“塞米莎当”的葡萄酒。

在甘甜口感的葡萄酒中，塞米雍重新担任起主角。但是，这种葡萄酒口感极为厚重，如蜂蜜一般黏稠，常因酸味不足而令人烦恼。因此白苏维翁成为配角，出现在了葡萄酒中，酸味不足的问题便迎刃而解。

白诗南

优质的酸味孕育出高雅的葡萄酒

Chenin Blanc

可与德国雷司令相媲美的葡萄品种

白诗南具有两面性，这是其他葡萄品种所没有的特性。在法国的卢瓦尔地区，白诗南被称作“皮诺德拉卢瓦尔”（意为“卢瓦尔的葡萄”），如国王一般，君临天下。可见白诗南受到了高度的赞扬，有些时候，甚至可以与德国的雷司令相媲美。

白诗南之所以能够与雷司令相媲美，是因为白诗南与雷司令相同，酒中具有清新淡雅的花香。除此之外，白诗南因具有清爽而丰盈的酸味，可进行长期熟成，而且收割时间决定了白诗南或甘甜或辛辣的味道，在这些方面与雷司令相类似。白诗南可以成为贵腐葡萄，酿造出超高品质的甘甜葡萄酒，这一点似乎也是在模仿雷司令。

在南非以及加利福尼亚州种植着大量的白诗南，栽培面积远远超过了法国，而白诗南在葡萄酒中的地位却完全不同。特别是在南非，白诗南用于酿造极为普通的葡萄酒，也经常用来酿造加强型葡萄酒以及蒸馏酒，因此，白诗南在南非被视为“好好先生”，是用途十分广泛的品种。

由此开启葡萄酒品鉴之路，提升你的品酒能力

13

沃莱拉蒙精选白葡萄酒2006/予厄庄园

12°/4,725日元

沃莱位于卢瓦尔流域，是都兰地区的著名酿酒产地，这里与莎云妮尔产区相同，只生产白诗南葡萄酒。这里出产有很多类型的白葡萄酒，如辛辣型、半甜型、极甜型以及起泡酒，涵盖范围极广，但由于复杂的气候等不定因素，每年的变动幅度很大，而且葡萄酒的品质也参差不齐，但出产有数款法国最为高贵的白葡萄酒。

予厄庄园享有沃莱产区的最高声誉，酿造着品质最高的葡萄酒。予厄庄园拥有3个葡萄园，分别为"拉蒙园"、"乡镇围园"，以及"高地庄园"，这里酿造的葡萄酒，风味纯正，堪称白诗南的精髓。此外，自1991年起，予厄庄园所有的葡萄园全部采用自然动力种植法栽培葡萄。

14

赛宏河坡酒庄莎云妮尔老庄园白葡萄酒2007/尼古拉斯·乔利

15°/4,672日元

莎云妮尔法定产区位于卢瓦尔河流域，是安茹地区的著名酿酒地。这里只生产白诗南葡萄酒，以辛辣类型为主，但也酿造口感甘甜的葡萄酒。在莎云妮尔有一块名为赛宏河坡园的葡萄田，这块田地的历史甚至可追溯到公元12世纪。

赛宏河坡园归尼古拉斯·乔利所有，他是自然派葡萄酒生产方式的倡导者。如今，乔利已经成为自然动力种植法的理论指导者，吸引了世界各地的种植家前来学习这门栽培技术。

这次所推荐的葡萄酒产自乔利的另一块葡萄田，即莎云妮尔老庄园。这款葡萄酒酸性极强，风格独特，被包含在柔和的口感之内，是一款适合长期熟成的葡萄酒。

15

斯泰伦博斯白诗南葡萄酒2008/特拉福德葡萄园

14.56°/2,940日元

南非是世界上白诗南葡萄的第一种植大国。在南非，白诗南的种植面积是法国（卢瓦尔地区）的一倍以上。近年来数量开始减少，但仍旧是南非种植面积最为广泛的葡萄品种。与卢瓦尔地区不同，南非的白诗南葡萄酒以经过木桶熟成为特征。

位于斯泰伦博斯地区的特拉福德酒园，创建于1992年，是一家小规模酿酒商，其创始人大卫·特拉福德，原为一名建筑师。特拉福德酒园所酿造的葡萄酒品质超高，在南非国内屈指可数。特拉福德酒园的红葡萄酒在国内颇受好评，优雅的白诗南葡萄酒同样享有盛誉。这次推荐的葡萄酒并非是经过木桶发酵的辛辣类型，而是在葡萄阴干之后酿造的甘甜型葡萄酒。

· 上述葡萄酒价格仅供参考。

3 款白诗南葡萄酒的品鉴

外观 · 香气 · 味道

13

Vouvray Le Mont Sec 2006 / Domaine Huet

沃莱拉蒙精选白葡萄酒2006

酒液呈现为柠檬黄色，浓度中等，泛有光泽。富有清澈纯洁之感。

酒香中洋溢着欧洲李、青苹果等果香，清新而具有较高的酸度。紧接着扑鼻而来的是橘子花、杏仁软糖等浓郁芳香。

酸味丰盈而纤细，酒体偏轻，有着产自寒冷气候下的独特风味。与酒香相同，入口后可以感受到青苹果的香味，弥散在酒中的矿物质感在口中沉淀，从而可以舒畅地滑过喉咙。这是一款具有通透感的纯朴葡萄酒。余味轻盈而纯净，却又不失绵长之感。

14

Savennières Les Vieux Clos 2007 / Nicolas Joly

赛宏河坡酒庄莎云妮尔老庄园白葡萄酒2007

由深黄色逐渐过渡为金黄色。酒液黏度高，酒脚沿酒杯内壁缓慢回落。

当酒杯靠近鼻子的一瞬间，便可以感受到扑鼻而来的浓郁酒香。有着浓郁的木瓜、杏子等水果气息。并飘散有烘焙过后的杏仁香、新鲜出炉的烤面包香，以及奶油面包的香甜，浓郁而芳香。同时还可以感受到成熟的蜂蜜滋味。

口感辛辣，酸味丰盈且具有棱角，有着结实厚重的酒体。酒精浓度偏高，饮用过后，喉咙处有温热感。余味结束之时，分量感十足，是一款充满着能量的葡萄酒。

15

Stellenbosch De Trafford Chenin Blanc 2008

斯泰伦博斯白诗南葡萄酒2008

从中心部位至酒杯边缘，酒液呈现为淡淡的黄色。在酒杯边缘处，可以看到一丝透明的光环。

酒香中有着浓郁的酸果酱（即用橘子皮和酸橙皮等酸味水果制作而成的果酱）与杏子的味道。而且，酒香中夹杂有丹桂等华丽的气息。并散发着产生于木桶熟成过程中的杏仁、烟熏等柔和的气味。

入口后，可以感受到丰盈而结实的酸味，并且与成熟的水果气息达到完美平衡。由于酒香构成巧妙，因此，并未因酒精浓度过高（14.5°）而丧失上乘滋味。

白诗南的香气

口感极度甘甜，可以让人联想到黄桃、菠萝、杏仁软糖以及蜂蜜的香气

在卢瓦尔地区，白诗南被称作“法国版的雷司令”，与此相应，白诗南有着高贵文雅的香气。年轻的白诗南口感清爽，可以嗅出青苹果与洋李的香气，以及温和而湿润的麦秆香。而且硬质的矿物元素可以使人联想到石灰，为葡萄酒增添了紧张感。

当白诗南成为贵腐葡萄酒后，酿造出的贵腐酒极为甘甜，酒中洋溢着黄桃、菠萝、杏仁软糖以及蜂蜜的香气。因受贵府菌影响，白诗南贵腐酒与塞米雍贵腐酒在酒香方面，有着相似之处。但是，与塞米雍过于迷人的香气相比，卢瓦尔地区的白诗南更显得柔软而丰满。白诗南之所以能够给人留下了十分舒适的印象，是因为位于高纬度地区的卢瓦尔地区有着寒冷的气候。

但是，产自新世界的白诗南却有着另一番风味。新世界的白诗南有着香蕉、番石榴等热带水果的香气，却完全感受不到矿物元素的气息。

Chenin Blanc

白诗南的味道

杰出的酸味孕育出优质的起泡葡萄酒

卓越而杰出的酸味，是白诗南的第一大优点。这种优质的酸味，无论在哪一个类型的葡萄酒中都能够得到完美的展现，赋予了葡萄酒上乘的品质。即使是口感极为甘甜的贵腐酒，也是因为白诗南具有丰富而优质的酸味（与塞米雍温和的酸味不同），才保证了其高贵典雅的品质。丰富的酸味同时造就了优质的起泡葡萄酒。名为“克雷曼特·卢瓦尔”的起泡酒，价格比香槟低廉，但因其具有完美的品质，从而博得了大众的喜爱。果汁中含有丰富的糖分，是白诗南的第二大优点。舌尖所感受到的复杂滋味，将我们带上了美味的巅峰，是世界上最上乘的体验。

不与其他品种搭配，仅使用单一的白诗南便可酿出美味的葡萄酒，而且具有非常高的完成度，这就是白诗南的特征，因此造就了许多可以将土壤特性直接展现出来的葡萄酒。

麝香葡萄

品质上乘，果香清新而浓郁

※上述葡萄为小粒种蜜思嘉。

Muscat

风味简单，用途广泛，可生食、酿酒、制作葡萄干

“蜜思嘉（Muscat）”是麝香葡萄的法语名字，在意大利语中，麝香葡萄名为“莫斯卡托（Moscato）”。麝香葡萄的使用范围非常广泛，可以生食、酿酒，也可以制作葡萄干，而且具有极其悠久的历史（相传世界上最古老的葡萄酒就是使用麝香葡萄酿造的）。

由于历史悠久，麝香葡萄有许多子品种，是一个庞大的葡萄家族，最为常见的品种有三大类。其中，“小粒种蜜思嘉”的品质最高，仅限于酿造葡萄酒使用。

麝香葡萄的种植面积十分广阔，在欧洲，自意大利至法国南部、西班牙的地中海沿岸地区，以及中欧、东欧，全部种植着麝香葡萄。在属于新世界的智利、南非、澳大利亚等国也种植有麝香葡萄。

麝香葡萄因其简单的风味，受到了大众的喜爱，但近来受到莎当妮等葡萄品种的影响，人气稍有下降。

莎当妮等能够成功酿出甘甜的葡萄酒，是导致麝香葡萄人气下降的主要原因。

由此开启葡萄酒
品鉴之路，提升你的
品酒能力

16

17

18

博姆德·维尼斯蜜思嘉葡萄酒2005/莎普蒂尔酒庄

15.5°/6,300日元

在法国东南部的卢瓦尔河流域，出产有一种著名的酒精加强型葡萄酒——博姆德·维尼斯·蜜思嘉葡萄酒。在发酵过程中，加入白兰地并终止酒精发酵，因此，酒中残留了一定糖分。丰盈的甘甜程度与浓烈的酒精浓度（15°以上）为葡萄酒赋予了充足的分量感，再加上酒中清新的水果风味，饮用后令人神清气爽。自20世纪70年代起，这款葡萄酒打入英国市场，之后更是风靡全球。

在这种加强型蜜思嘉葡萄酒当中，有90%是由当地酒庄联合酿造的，而这次推荐的葡萄酒则出产于卢瓦尔流域的名门——莎普蒂尔酒庄。该酒庄推崇自然理念，致力于生产天然葡萄酒。在这款葡萄酒的酿造过程中，莎普蒂尔酒庄采用了天然酵母等发酵方法。

阿尔萨斯产区贝尔盖姆麝香葡萄酒2007/马歇尔戴·斯酒庄

12°/4,500日元

在法国阿尔萨斯产区，气候寒冷，使用麝香葡萄所酿造的葡萄酒多为辛辣类型。但是，这款产自马歇尔·戴斯酒庄的麝香葡萄酒，是阿尔萨斯产区的特例。所用葡萄完全成熟，为葡萄酒增添了一抹甘甜的滋味，而且与普通的阿尔萨斯麝香葡萄酒相比，在味道的构成方面也更为结实。

马歇尔·戴斯酒庄生产的葡萄酒将葡萄田的土壤特性展现得淋漓尽致，其超高品质在阿尔萨斯产区屈指可数。庄主吉恩·米歇尔·戴斯的酿酒风格独树一帜，不遵从于当地的酿酒习惯，而且他个性直爽，喜欢直言不讳，因此经常被人视为异己，说他是一个“清高孤傲”、“脾气古怪”的人。但是，只要饮用了他酿造的葡萄酒，便可以清晰地感受到葡萄酒中的哲学。

莫斯卡托·阿斯蒂白葡萄酒 2008/萨拉科酒庄

6°/2,500日元

在意大利种植的白葡萄品种当中，麝香葡萄的产量位于第三位。特别是在意大利北部，栽培面积十分广阔（在该国麝香葡萄被称作莫斯卡托）。其中最为著名的葡萄酒，是产自皮埃蒙特大区阿斯蒂近郊的阿斯蒂甘甜起泡酒与微气泡酒。葡萄酒清新而纯朴，独特的果香风味与清爽的甘甜口感达到完美的平衡，适合在冷藏后作为餐前酒饮用。

阿斯蒂出产有许多“面向初学者”的葡萄酒。萨拉科酒庄是当地颇为知名的生产商。庄主帕奥罗·萨拉科的才能令世界上许多葡萄酒专家折服。萨拉科酒庄酿造的葡萄酒，平衡感完美无瑕，品质无与伦比，是这类葡萄酒中的佼佼者。而且这款葡萄酒颠覆了阿斯蒂产地的传统印象，是值得一试的名酒。

·上述葡萄酒价格仅供参考。

3 款麝香葡萄酒的品鉴

外观 · 香气 · 味道

16

Muscat de Beaumes de Venise 2005/ Chapoutier

博姆德·维尼斯·蜜思嘉葡萄酒2005

酒杯中心部位呈现为浓度中等的柠檬黄色。可以隐约看到纤细而透明的酒液边缘。

酒香甘甜，可以让人联想到白葡萄干与桃子味道的糖果。同时也会散发出金银花、菩提树等花蜜的香气。

与苏特恩地区的甘甜葡萄酒（详见第44页）不同，这款蜜思嘉葡萄酒中含有较高的残留糖分。但由于酒中含有优质的酸，与甘甜的味道达到了完美的平衡，因此它不会因过于甘甜而令人厌烦。偏高的酒精浓度更是给葡萄酒增添了分量感，饮用后给人留下舒适的印象。

17

Muscatd'Alsace Bergheim 2007 / Marcel Deiss

阿尔萨斯产区贝尔盖姆麝香葡萄酒2007

酒液为淡淡的柠檬黄色，晶莹剔透。年轻的滋味若隐若现。

酒香丰盈，分量感十足，有着出众的个性。酒中飘散着成熟的哈密瓜滋味、浓郁的麝香葡萄果香，以及蔷薇花束与玫瑰香水的气息，惹人喜爱。

味道偏甜。由于酒中带有天然的优质酸味，因此甜味并不发腻。与酒香相同，入口后可以感受到麝香葡萄的纯朴风味，给人留下了极具魅力的整体印象。

18

Moscato d'Asti 2008/ Saracco

莫斯卡托·阿斯蒂白葡萄酒 2008

淡淡的柠檬绿色，具有通透感。自杯底有细小气泡缓慢升起。

从酒杯中散发出清新的果实香气。果香分量感十足，其中，麝香葡萄的香气十分浓郁，青苹果似乎被切成薄片，给人以清新的印象。此外，酸橙花、茉莉等小白花的花香高贵而典雅。

入口后，优质的甘甜滋味在口中弥散，如同咀嚼棉花糖一般柔软。甘甜过后，是纯正而完美的酸味，两种达到了绝妙的平衡。酒精浓度恰到好处，细小的气泡从杯底缓缓升起，饮用后心情舒畅，为你驱走身体内的疲惫感。

麝香葡萄的香气

若隐若现的麝香葡萄香气

虽说葡萄是酿造葡萄酒的原材料，但酒中几乎无法嗅到葡萄的香气。在葡萄酒中可以找到除了葡萄之外的其他各种水果的果香，这是一件不可思议的事情。但凡事都有例外，就如麝香葡萄。使用麝香葡萄酿造而成的葡萄酒中，麝香葡萄的香味若隐若现。因此，麝香葡萄可以算作是葡萄酒盲品中最容易识别的葡萄品种之一。

名为“单萜烯”的化合物是麝香葡萄香气的主要成分，但经常使用玫瑰花瓣、橘子花、金银花等词语来形容这种香气，有时候也会使用小白花来形容。在水果香气方面，则经常使用白桃、哈密瓜等词语。

但令人遗憾的是，这种芳香而华丽的味道并不持久。因此，麝香葡萄一定要在香味消失之前饮用。

小白花（橘子花、茉莉花、金银花等）

白桃

玫瑰香水

白葡萄干

麝香葡萄

Muscat

麝香葡萄的味道

从清新淡雅至芳香浓郁，甘甜口感类型丰富，有适度而轻快的类型，也有浓郁的类型

当今世界所酿造的麝香葡萄酒，或甘甜，或辛辣，极富变化。在法国的阿尔萨斯产区，酿造有辛辣口感的葡萄酒，但麝香葡萄华丽而浓郁的果香更适合酿造甘甜的葡萄酒。因此，从清新淡雅至芳香浓郁，麝香葡萄可以酿出各种类型的甘甜口感。

此外，强烈的果实香气与被节制的酸味，也是麝香葡萄酒的特点。而酸味的缺乏，则是导致麝香葡萄酒寿命短的原因之一。

几乎所有使用麝香葡萄酿造而成的葡萄酒都有着清新的水果滋味，但在加强型葡萄酒与甘甜口感葡萄酒中，却存在着例外。如西班牙的雪利酒、澳大利亚的勒格瑞葡萄酒、南非的康士坦葡萄酒等，经过氧化熟成的麝香葡萄酒，果实味受到节制，因而形成了复杂的滋味。

赤霞珠

涩味丰盈，色泽浓郁，具有长期成熟能力

Cabernet Sauvignon

浓郁的色调，沉稳的酸味，以黑色系果实风味为特征

赤霞珠起源于法国波尔多地区，现广泛种植于世界各地，被称作“环球旅行者”，是世界上知名度最高的葡萄品种之一。

那么赤霞珠为何能够流传于世界各地呢？这是由于赤霞珠对土壤条件有着极高的适应能力，可以在任何地方生根发芽，而且即使更换生长地点，赤霞珠的味道也不会发生变化（这一点与黑皮诺不同）。如今，赤霞珠的特点已是众所周知，它有着丰富的涩味，浓郁的色调，沉稳的酸味，以及黑色系果实的风味。

而且，赤霞珠经常与其他品种搭配，混合使用。赤霞珠在传统产地波尔多与梅洛搭配，在意大利与圣祖维斯搭配，在西班牙则与添普兰尼洛搭配。赤霞珠可以与各国具有代表性的葡萄品种共存，这或许就是赤霞珠能够在世界各国扎根的原因所在。

由此开启葡萄酒品鉴之路，提升你的品酒能力

圣朱利安葡萄酒2006/拉格喜城堡酒庄

13°/10,185日元

位于波尔多的梅多克产区，可谓是赤霞珠的天堂。在这片土地上广泛种植着赤霞珠，是葡萄酒的圣地。在梅多克地区，共有60个公认的优秀酒庄（葡萄酒生产商），自一级至五级，共分为5个等级。

拉格喜城堡酒庄是梅多克地区的第三级酒庄。至上世纪80年代初，拉格喜酒庄的葡萄酒品质一度低迷，甚至降到了酒庄所列等级之下，但在1983年，日本三得利公司收购拉格喜城堡酒庄之后，这种状况发生了转变。三得利公司在葡萄酒生产设备及葡萄田方面投入了大笔资金，因此，葡萄酒的品质在短期内得到了大幅度提升。如今，拉格喜城堡酒庄的葡萄酒品质已经超过了酒庄所列等级，受到了大众的广泛好评。

纳帕谷狩猎神赤霞珠葡萄酒2006/鹿跃酒窖

13.8°/6,900日元

对于波尔多来说，这款产自加利福尼亚州纳帕谷的赤霞珠葡萄酒，可谓是最大的威胁、最强的竞争对手。丰富的果实滋味与成熟稳定的涩味是其优点。

两者成为竞争对手关系的历史，还要追溯到1976年。在巴黎葡萄酒品尝会上，品酒师们对法国葡萄酒与加利福尼亚州葡萄酒进行盲品对决，结果这款来自加利福尼亚州纳帕谷的无名赤霞珠葡萄酒击败了法国一级酒庄。而当时的鹿跃酒窖仅仅成立两年，是一个小规模的生产商，在这次品酒会之后，一举成名，享誉全球。

狩猎神阿尔忒密斯系列葡萄酒，是一种被赋予了神话色彩的葡萄酒，是极为出色的葡萄酒。

科尔查瓜山谷陈酿赤霞珠葡萄酒2008/圣地酒园

14°/暂无定价

20世纪90年代，产自智利的赤霞珠葡萄酒以其“低价格、高品质”的理念，席卷全球，征服了葡萄酒爱好者们的味觉。智利有着适宜酿造葡萄酒的良好气候条件，并且土地费用极低，拥有大量的廉价劳动力，因此降低了葡萄酒的成本价，从而推出了低价格、高品质的葡萄酒。

圣地酒园是智利国内高品质葡萄酒酿造商之一，与爱拉苏里兹庄园同为加利福尼亚州名门酒庄蒙大菲庄园的合资公司，自1996年起成为名牌产品（2004年以后，爱拉苏里兹庄园开始独立经营）。

圣地庄园使用的葡萄大部分产自科尔查瓜山谷。这里是智利的新生优质产地，受到了世界各地的瞩目。在科尔查瓜山谷，圣地庄园拥有超过1000公顷的葡萄田。

· 上述葡萄酒价格仅供参考。

3款赤霞珠葡萄酒的品鉴

外观·香气·味道

19

Saint-Julien 2006 / Château Lagrange

圣朱利安葡萄酒2006

中心部位呈现为略带黑色的深宝石红色。沿酒杯边缘可以观察到纤细的水色边缘，略带紫色。酒液色阶变化复杂。

最初的酒香为封闭的状态，随着时间的流逝，逐渐散发出黑醋栗、蓝莓等黑色系水果的香气。然后随之扑鼻而来的是丁香、肉桂等调味料的风味，以及苦味巧克力的浓香。由于在新木桶中熟成，酒香中的香子兰气息稍显浓郁，而且还需要过一段时间，这种香气才能融入至果香当中。

入口后的冲击性具有重量感。可以感受到强韧而丰盈的涩味。浓郁的黑色果实滋味略显青涩。虽说现在也可以饮用，但如果再经过10年的熟成期，味道将会发生变化，并且这种变化令人期待。

20

Napa Valley Cabernet Sauvignon "Artemis "2006 / Stag's Leap Wine Cellars

纳帕谷“狩猎神”赤霞珠葡萄酒2006

呈现为浓郁暗红的宝石色。沿酒杯边缘缓慢回落的酒脚，略带红色。

酒香浓郁而甘甜，可以让人联想到蓝莓果酱。甘草等甜味料与苦味巧克力的香气为葡萄酒赋予了丰盈而芳香醇厚的印象。

入口后，可以感受到极强的分量感。涩味如同球体一般，丰盈而柔软。与酒香相同，味道中完全不含有青涩感，因此可以推断出这款葡萄酒是由完全成熟的葡萄酿造而成的，是一款可以感受到加利福尼亚州灿烂阳光的葡萄酒。

21

Colchaqua Valley Reserva Cabernet Sauvignon 2008 / Caliterra

科尔查瓜山谷陈酿赤霞珠葡萄酒2008

酒液色泽浓度适中，为沉稳的红宝石色。酒杯边缘处的酒液泛着紫色的光泽。

有着浓缩度极高的黑色水果香。可以感受到醋栗、洋李等水果煮熟后的独特风味。但是，酒香中并非只含有这种浓郁的果香，薄荷、羊齿植物等气味为酒香增添了一丝紧张感。

在这3款葡萄酒中，这款葡萄酒的重量感最弱，但是，饮用时也可以享受到酒液重量带来的快感。沉稳的酸味，成熟的单宁，果酱般浓郁的黑色水果风味，达到了完美平衡。这款葡萄酒口感极佳，浓烈程度适中，易于饮用。

赤霞珠的香气

青椒的“青绿色”，有人喜爱有人厌恶

完全成熟的赤霞珠中含有小颗粒黑色果实（如黑醋栗、黑莓等水果）的风味，偶尔也可以嗅出巧克力的味道。但说起赤霞珠，就不得不提青椒的味道。有人习惯使用羊齿植物、薄荷、蓝桉的词语形容这种味道。这种能够使人联想到“青绿色”的味道，究竟来自何处呢？

20世纪90年代，人们了解到赤霞珠是品丽珠与白苏维翁自然杂交而成的品种。因此，出现在未充分成熟赤霞珠之中的“青绿色”，来自其“父母”——品丽珠与白苏维翁。对葡萄酒口味的好恶因人而异，也有人不喜欢这种未成熟的青涩滋味。但是，在葡萄过于成熟的地区（如加利福尼亚州、智利等新世界），这种未成熟的“青绿色”能够调节葡萄酒的整体平衡，使葡萄酒张弛有度，成为了至关重要的因素。

Cabernet Sauvignon

赤霞珠的味道

涩味丰盈，随着时间由粗犷变为圆润

赤霞珠被誉为“具有长期熟成能力”的葡萄品种。例如在波尔多，以赤霞珠为主酿造而成的葡萄酒中，有的甚至经过了长达100年的陈酿成熟期。

那么，赤霞珠为何如此长寿呢？其秘密在于它具有丰富的涩味与色素，即赤霞珠中含有“苯酚类”化合物。而且，赤霞珠属于苯酚含有量最多的四大葡萄品种之一（其余三类为西拉、纳比奥罗与丹那）。

因此，在饮用赤霞珠葡萄酒的时候，可以清晰地感受到涩味在口中扩散。年轻的赤霞珠涩味略显粗犷，但随着熟成时间的加深，涩味将变得圆润而柔和。而且成熟的赤霞珠带有复杂而纤细的滋味。享受“漫长岁月”带来的变化，可谓是赤霞珠的魅力所在。

梅洛

香气无明显特征，但可感受到各种果实香气

Merlot

气候适宜范围广泛，在波尔多以外地区也受到了超高评价

梅洛是法国波尔多地区排名第二位的葡萄品种。长期以来，梅洛受到赤霞珠的影响，一直都未曾受到广泛关注，直至20世纪80年代在波尔多才发生了巨大变革，并于90年代起波及全世界。与赤霞珠相比，梅洛适应的气候范围更加广泛，从轻盈的低价酒到醇厚的高价酒，梅洛葡萄酒分布于各个档次，可谓是才能出众（但略微缺乏灵巧性）。

梅洛葡萄酒的宝座非柏图斯庄园莫属，这里产有波尔多地区最昂贵的葡萄酒（产于2005年的葡萄酒售价约为35万日元）。作为原产地，波尔多出产有许多超高品质的葡萄酒，但在意大利、美国等地也产有几款具有超高人气的名酒。

梅洛，这个美丽而且发音简单的名字，是其博得人气的秘密所在。梅洛的名字，起源于“斑鸠（Merle）”一词。这种鸟在秋天的时候，特别喜欢啄食梅洛甘甜而柔美的果实。将这种可爱的小鸟与甘甜可口的梅洛联系起来，实在是一件意想不到的事情！

纳帕谷梅洛葡萄酒2006/达克豪恩酒园

14.5°/7,560日元

自20世纪90年代起，梅洛葡萄酒在美国的人气持续增长。其中，达克豪恩酒园便是这股浪潮的推动者之一。

位于加利福尼亚州的纳帕谷，出产有许多名酒，达克豪恩酒园便是由达克豪恩夫妇于1976年在此创建的。当时的梅洛只是作为配角与其他葡萄品种搭配酿造葡萄酒。但达克豪恩夫妇自酒园创建之初，便着力于梅洛葡萄酒的酿造，如今已成为“加利福尼亚州梅洛葡萄酒的制高点”。产自达克豪恩酒园的名酒还有三棕榈梅洛葡萄酒，以及达克豪恩庄园最高等级梅洛葡萄酒等等，所推荐的这款梅洛葡萄酒虽然普通，但品质同样出众。

卡斯蒂永法定产区葡萄酒2005/浦碧儿葡萄园

14.35°/4,515日元

波尔多地区的梅洛圣地，非波默罗地区与圣德米利永地区莫属，但在其周边地区，也出产有品质优秀的葡萄酒。浦碧儿葡萄园位于圣德米利永地区东部的卡斯蒂永法定产区，庄主菲利浦·卡利尔才华出众，将葡萄园一手打造成为优秀酒庄。在20世纪90年代的法国与瑞士葡萄酒的盲品会上，浦碧儿葡萄园与柏图斯酒庄一路角逐进入最终的决赛，使得浦碧儿葡萄园一举成名。

浦碧儿葡萄园的葡萄田与圣德米利永相邻，土壤条件相同。在这片朝南的斜坡上，生产有浓缩度极高的葡萄，是一片具有巨大潜能的土地。卡利尔在这片葡萄田中采用自然栽培技术，收获的葡萄颗颗饱满，如宝石般完美。

科尔查瓜山谷亚历山卓梅洛葡萄酒2006/卡莎拉博斯特酒园

15°/3,990日元

在南美洲，智利是葡萄酒出产大国。在智利，梅洛的人气指数也在持续飙升。

产自智利的梅洛葡萄酒价格实惠。其中，这款亚历山卓梅洛葡萄酒拥有法国波尔多地区的优质遗传因子，是不可多得的珍品。卡莎拉博斯特酒园是法国知名利口酒生产商金万利，在智利出资投建的。最初，卡莎拉博斯特酒园邀请了别名为“梅洛先生”的波尔多著名酿酒师米歇尔·罗兰作为葡萄酒酿造顾问，酿造出了世界级别的梅洛葡萄酒。在卡莎拉博丝特酒园旗下，阿帕塔葡萄酒也是一款品质卓越的高贵葡萄酒，但从性价比方面考虑，推荐首先尝试这款亚历山卓梅洛葡萄酒。

· 上述葡萄酒价格仅供参考。

3款梅洛葡萄酒的品鉴

外观·香气·味道

22

Duckhorn Merlot Napa Valley 2006

纳帕谷梅洛葡萄酒2006

为浓郁的红宝石色，略带黑色。在酒脚中隐约可以观察到色素。

酒香带有新世界葡萄酒的特征，浓缩度极高，但又不失精致。黑樱桃、洋李等成熟果香中，夹杂着咖啡与太妃糖的香气。红色花朵的香气为葡萄酒赋予了优雅感。

在酒液入口的一瞬间，便可以感受到酒中的甘甜（这种甘甜并非来自于酒中残留的糖分，而是来自偏高的酒精浓度与完全成熟的果实）。涩味的质感丝滑柔和。是一款芳香醇厚且富有魅力的葡萄酒。

23

Poupille 2005/ Côtes de Castillon

卡斯蒂永法定产区葡萄酒2005

酒杯中心部位的酒液呈现为浓郁的深宝石红色。边缘处色阶变幻复杂。

最初酒香并未散发出来，但随着酒杯的缓慢旋转，香气徐徐上升。黑醋栗、蓝莓等小颗粒黑色系水果的果香十分浓郁。此外，可以感受到三色堇的花香与黑胡椒的气息，平衡感极佳。同时，在果香中还融入了一丝微弱的木桶焦香。

入口后，可以感受到沉稳的酸味、结实的涩味，以及浓郁丰盈的果实风味。在这3款葡萄酒中，这款酒涩味的质地最为坚硬。酒中并非只含有果实滋味，同时还可以感受到辛辣调味料与微弱的青涩感，因此，这款葡萄酒给人留下了略显生硬的印象。

24

Cuvée Alexandre Merlot2006/ Casa Lapostolle

科尔查瓜山谷亚历山卓梅洛葡萄酒2006

富有黑色光泽的浓郁红宝石色。沿酒杯内壁，酒脚之间的距离狭窄，回落速度缓慢。

蓝莓、黑樱桃、洋李等黑色系水果的浓香从酒杯中散发出来。由于是在新木桶中熟成，产生了香子兰的气息，给葡萄酒的整体印象增添了一抹甘甜。微弱的薄荷香气，为这款葡萄酒赋予了紧缩感。

涩味成熟而沉稳，在口中产生了十足的重量感。余味时间并不长，但结实的分量感持续到了最后一刻，并可以切实感受到成熟的果实浓香。是一款性价比极高的葡萄酒。

梅洛的香气

从青涩的蔬菜味道到高贵的松露香气

简单来说，梅洛的特点就是“没有能够抓住的香气”。作为主要黑葡萄品种之一，梅洛的气味无明显特征，因此在葡萄酒盲品会上，梅洛的识别率最低。梅洛的滋味会因产地的气候条件、种植状况以及酿造工艺发生变化，致使梅洛的滋味更加复杂，难以辨别。

酒中含有丰富的果实香气，是梅洛的特点。但梅洛的酒香几乎涵盖了所有水果的香气，着实令人烦恼，因此才会有“水果蛋糕”这个概念笼统的形容词。在梅洛葡萄酒中，可以感受到黑色系水果的香气，但其中也包含有少量红色系水果的滋味。

价格低廉的梅洛葡萄酒口感轻盈，带有淡淡的蔬菜味道。品质卓越的葡萄酒则带有“松露”的香气。达到成熟巅峰的梅洛，含有浓郁的松露香气，这是葡萄酒品质高贵的标志之一。

Merlot

梅洛的味道

简单而轻盈，具有亲切而新鲜的水果香气

梅洛，被比喻为“没有痛楚的赤霞珠”。整体味道圆润而丰满，与赤霞珠相比，涩味更加柔和，酸味更为沉稳，果实滋味更强，酒精的分量感更足——这就是梅洛。因此，无法否认梅洛存在于赤霞珠的影子之中。对于葡萄酒初学者来说，梅洛的味道亲切而容易接受，故而博得了大众的喜爱，甚至超过了赤霞珠。

价格低廉的梅洛葡萄酒，味道简单而轻盈，前半程的果实滋味浓郁，清新而多汁。另一方面，昂贵而伟大的梅洛，味道柔和而不乏强劲结实的结构感，涩味存在感十足。年轻的梅洛容易与赤霞珠相混淆，但随着熟成时间的推移，梅洛愈发成熟，其与生俱来的柔和感也愈发明显。

黑皮诺

酿造出了柔韧而性感的葡萄酒

叶子：大小中等，有3~5片裂片不等。为浓郁的绿色。

果实：颗粒偏小，为球形。

果穗：为小型圆柱状。果实颗粒分布密集。

Pinot Noir

世界上最昂贵的葡萄酒——罗曼尼·康蒂的酿造品种

黑皮诺与赤霞珠齐名，是黑葡萄的“两大高贵品种”之一。在法国勃艮第地区，黑皮诺是黑葡萄的代表品种，世界上最为昂贵的葡萄酒——“罗曼尼·康蒂”，就是使用黑皮诺酿造而成的。

在当今的葡萄品种中，黑皮诺属于最为古老的种类，约在2千年前便开始种植了。由于黑皮诺的遗传因子不稳定，易发生基因突变，因此，黑皮诺拥有许多兄弟，如灰皮诺、莫尼耶皮诺等，是一个庞大的葡萄家族。

黑皮诺对气候及土壤的条件十分挑剔，栽培难度极高。曾经在勃艮第以外地区，从没有过成功种植黑皮诺的先例，因此，黑皮诺曾一度被称为“heartbreakgrape”，即“失意的葡萄”。

但如今在美国的加利福尼亚州、俄勒冈州，以及新西兰与澳大利亚的维多利亚州等地，也用它酿造有优质的葡萄酒。选择气候寒冷的地区，是黑皮诺种植成功的关键所在。近年来，随着种植技术的提高，黑皮诺的成功栽培事例逐渐增多。

尚博勒·穆西尼葡萄酒2005/宝尚父子酒庄

13°/8,085日元

在勃艮第产区，每个村落、每块葡萄田的土壤特性都是通过葡萄酒展现出来的。勃艮第的著名村落与葡萄田都有着独特的个性，因此，勃艮第葡萄酒的爱好者们总会从中找到一两个中意的酒庄。尚博勒·穆西尼村落的人气颇高，这里出产的葡萄酒以绵长、纤细、优雅为特征，酸味具有紧缩感，与劲道相比更强调上乘的品质。可以说，这是一款符合日本人口味的葡萄酒。

宝尚父子酒庄创建于1731年，是一家历史悠久的酒庄。在20世纪后半期，葡萄酒品质曾一度下滑，后由香槟地区的亨利公司收购了经营权，自1995年其品质得以回升。

中部海岸V佳酿黑皮诺葡萄酒2007/卡列拉酒庄

14.5°/4,725日元

乔什·詹森是加利福尼亚州的两位皮诺名人之一，他是以德拉·罗曼尼·康蒂酒庄（DRC）作为目标。众所周知，这里酿造有世界上最为著名的红葡萄酒——罗曼尼·康蒂。詹森曾在德拉·罗曼尼·康蒂酒庄进行过学习，之后回到故乡，花费了2年时间，终于找到了与勃艮第相同、有着石灰质土壤的葡萄田。

卡列拉酒庄的葡萄酒酿造工艺与德拉·罗曼尼·康蒂酒庄基本相同，因此，所酿出的葡萄酒口感强劲而复杂。这次所推荐的葡萄酒属于入门级别的名酒，如果想要享受中等级别的味道，可以选择“詹森”等其他名气更高的葡萄酒。在价格方面，也只有罗曼尼·康蒂葡萄酒的几十分之一，而口感方面却极其相似，值得品尝。

圣玛利亚山谷黑皮诺葡萄酒2007/奥邦克丽玛酒庄

13.5°/4,410日元

至今为止，勃艮第所产的黑皮诺葡萄酒，一直作为世界上黑皮诺葡萄酒的基准而存在。无论是哪一位酿酒师，在酿造黑皮诺葡萄酒的时候，都会以产自勃艮第的葡萄田或者酒庄为目标。可以说勃艮第的黑皮诺葡萄酒是每一位酿酒师的假想敌。

奥邦克丽玛酒庄庄主吉姆·科伦戴恩，是加利福尼亚州两大皮诺名人中的另一位，他是以有“勃艮第酒神”之称的亨利·贾伊尔所酿的葡萄酒为目标。科伦戴恩所酿造的黑皮诺葡萄酒，在技术方面继承了贾伊尔的酿酒工艺，而且在果实味道方面跨越了地域间的差距，与贾伊尔的葡萄酒极其相似，味道纯粹而具有冲击感。

比安·纳吉特葡萄田位于圣巴巴拉地区，人气颇高。这里出产的葡萄酒是科伦戴恩的经典名酒。

·上述葡萄酒价格仅供参考。

3款黑皮诺葡萄酒的品鉴

外观·香气·味道

25

Chambolle-Musigny 2005 / Bouchard Père et Fils

尚博勒·穆西尼葡萄酒2005

酒液富有光泽，为淡淡的宝石色。靠近酒杯的边缘部分呈现出极富魅力的紫色。

覆盆子、红醋栗等酸度极高的红色水果果香，是这款葡萄酒给人留下的第一印象。随之而来的是肉桂等调味料的独特香气与来自木桶的焦香。同时，酒香中还夹杂着一丝青涩感，可以让人联想到植物的青绿色。

稠密的酸味、轻盈而略带黏稠感的涩味，与个性并不是十分张扬的果实滋味达到了完美平衡。舌尖更是可以感受到肉类、鞣皮等酒香中所体会不到的独特风味。余味绵长，在结束之时有着清晰的矿物质感。

26

Calera/Pinot Noir Central Coast "Cuvée"V 2007

中部海岸V佳酿黑皮诺葡萄酒2007

酒液颜色为略带淡淡紫色的红宝石色。酒杯边缘处的酒液泛着淡淡的紫红色光泽。

最初葡萄酒的香气稍显闭塞，但随着时间的推移，酒香逐渐释放开来。酸樱桃、黑樱桃、石榴等红色与黑色的果实浓香相互交织，同时，丁香花的气息为酒香增添了一抹华丽的色彩。

与㉗产自奥邦克丽玛酒庄的葡萄酒相比，这款酒的单宁更为厚重。酒中的甘甜，产生于浓缩度极高的果香与偏高的酒精浓度。使用黑皮诺酿造而成的葡萄酒，喝起来十分过瘾，而且由于这款酒在涩味、酸味以及果实滋味的构成方面非常完美，饮用后心情舒畅而轻松。

27

Au Bon Climat Pinot Noir Mission Label 2007

圣玛利亚山谷黑皮诺葡萄酒2007

酒液呈红宝石色，略带有紫红色。酒脚沿酒杯内壁回落速度缓慢。

散发着樱桃、草莓等红色系水果的果香，如同新摘下的水果一般清新。随之扑鼻而来的是薄荷香气，令人神清气爽。同时酒香中还夹杂着土壤的气息。

涩味轻盈而柔软，与和谐的酸味交织在一起，充斥在口中。酒中红色系水果的果香浓郁而甘甜。酒液的分量感十足，给人以柔软而丰润的印象。饮用过后，喉咙略感温热，由此可以推断出酒精浓度偏高。这款葡萄酒适合在享受悠闲生活的时刻享用。

黑皮诺的香气

以红色系水果香为主，多含有草莓、树莓、樱桃等果香

英国著名葡萄酒评论家杰西斯·罗宾逊在其著作中曾说过："如果说赤霞珠具有知性美，黑皮诺则如神秘妖姬一般性感。"这或许可以算作是一句至理名言。如下图所示，黑皮诺的香气有多种表现形式。这是一种"具有魔力的香气"，能够俘获大多数葡萄酒爱好者的芳心，它的香气是无法用语言形容的。

一般来说，黑皮诺的水果香气经常用红色系水果来形容，比如草莓、树莓、樱桃等。而且从黑皮诺中，可以感受到三色堇的花香。成熟的黑皮诺中含有枯叶、鞣皮、蘑菇等香气，偶尔也可以也感受到野生动物的肉味等非同一般的香气。

Pinot Noir

黑皮诺的味道

涩味沉稳、酸味强劲，味道亲切而柔和

黑皮诺的味道与另一大高贵品种赤霞珠相反，具有沉稳的涩味与强劲的酸味，可以说是赤霞珠的"背影"。赤霞珠筋骨雄伟，易于酿造具有男子汉气概的葡萄酒，黑皮诺则相反，酿出的葡萄酒亲切而柔和。但是使用未成熟的葡萄酿出的酒品质稍差，涩味粗糙，整体味道如植物茎一般。

涩味的缺乏，影响了葡萄酒的成熟能力，以至于黑皮诺难以长期存放。但是，这个规律并非适用于所有伟大的葡萄酒。许多名品黑皮诺甚至经过了长达30年的熟成，达到了完美的成熟状态。

黑皮诺的味道有着直爽的性格。赤霞珠（在波尔多地区）与其他葡萄品种搭配酿酒，而作为竞争对手的黑皮诺则不同，酿酒时仅使用单一品种。

圣祖维斯

能够酿出兼具强劲酸味与适度酸味的葡萄酒

Sangieovese

分布于各个价格区间，是原产地意大利的代表品种

圣祖维斯是从未曾离开过原产地的葡萄品种。在意大利栽培面积极为广泛，是意大利的珍宝。

圣祖维斯在意大利是产量最高的葡萄品种，主要种植于亚平宁半岛中部。葡萄酒价格区间跨度很大，有价格低廉的葡萄酒，也有超级昂贵的名品。意大利知名度最高的基昂蒂葡萄酒，因高品质在世界范围内博得高人气的蒙塔奇诺·布鲁耐罗葡萄酒，以及名为超级托斯卡纳的“无冠帝王”等，众多高级名酒的酿造都离不开圣祖维斯。

圣祖维斯没有准确的诞生年份，但其历史极为悠久。据推测，圣祖维斯（Sangieovese）这个名字，来自“sanguis jovis”一词，意为“朱庇特之血”。朱庇特，即希腊神话中的主神宙斯。作为意大利最为尊贵的葡萄品种，只有这个名字才能配得上圣祖维斯的高贵。

如今，意式菜肴的人气与日俱增，作为其伴侣，圣祖维斯也吸引了来自世界各地的广泛关注。

由此开启葡萄酒品鉴之路，提升你的品酒能力

布鲁耐罗·蒙塔奇诺葡萄酒2004/利斯尼酒庄

14.05°/8,190日元

这款布鲁耐罗·蒙塔奇诺DOCG等级葡萄酒，是当今托斯卡纳大区所产的传统类型圣祖维斯葡萄酒中，人气最旺、品质最高的葡萄酒。在蒙塔奇诺周边，有着广阔的丘陵地带，这里出产的葡萄酒使用圣祖维斯酿造，不添加其他葡萄品种。布鲁耐罗是蒙塔奇诺地区对圣祖维斯的另一称呼。原本是一款名不见经传的葡萄酒，但自20世纪90年代起，人气激增，一跃成为圣祖维斯葡萄酒中的头牌。

利斯尼酒庄是蒙塔奇诺地区传统流派生产者的代表之一。这一家族拥有悠久的历史，从数百年前就生活在这片土地上。近年来，使用现代工艺酿造的圣祖维斯葡萄酒在不断增加，而利斯尼酒庄依旧坚持沿用大木桶发酵、长期熟成的传统方法。

・上述葡萄酒价格仅供参考。

托斯卡纳IGT葡萄酒 2001/千年古堡酒庄

13°/6,900日元

在意大利，特别是托斯卡纳大区，葡萄酒法律很不健全。一直以来，法国流派的酿造工艺并未被高级葡萄酒（DOCG、DOC）的酿造规定所认可，因此，在法律上应属于价格低廉范畴内的IGT、VdT等级葡萄酒中，却含有许多价格昂贵的美酒。而且，在1996年以前，葡萄酒法律中并没有明确规定基昂蒂经典葡萄酒必须全部使用圣祖维斯葡萄酿造。从而导致出现了生产商舍名求实的现象。

千年古堡酒庄是位于基昂蒂地区的小型实力派酿酒商。除基昂蒂葡萄酒以外，还生产有多种现代类型的IGT等级葡萄酒。这款葡萄酒全部使用圣祖维斯葡萄酿造，是千年古堡酒庄的名品，而且它独具个性的标签设计，令人过目难忘。

基昂蒂经典红葡萄酒 2005/凤都城堡

14°/7,035日元

基昂蒂地区位于意大利托斯卡纳大区中部，佛罗伦萨与锡耶纳之间的丘陵地带。在过去的十年间，这里作为圣祖维斯的产地，发生了翻天覆地的变化。自14世纪起，基昂蒂地区便开始了圣祖维斯葡萄酒的酿造，是意大利的传统产地，但在20世纪后半期，这里的经营陷入了低谷。在世纪更替的时候，葡萄酒世界发生了变革，借此机会，这片土地改变了原有的酿酒工艺，开始生产高品质的现代类型葡萄酒。

这款凤都城堡基昂蒂红葡萄酒，可谓是使基昂蒂地区焕发新生的名品。卡罗·费里尼是著名的酿酒顾问，他被称作为"圣祖维斯先生"。在他的指导下，凤都城堡在酿酒过程中加入了来自法国波尔多的葡萄品种，此后，基昂蒂葡萄酒的味道更加出众。

3 款圣祖维斯葡萄酒的品鉴

外观・香气・味道

28

Brunello di Montalcino 2004 / Azienda Agraria Lisini

布鲁耐罗・蒙塔奇诺葡萄酒 2004

酒液呈宝石红色，略带有鲜艳的紫红色。在酒杯边缘处，逐渐过渡为橙色。

酒中散发着黑莓与三色堇等年轻的香气，但同时又夹杂有陈皮与樱桃干的甘甜，可以感受到一丝成熟的气息，

入口辛辣，丰盈的酸涩滋味在口中弥散。单宁粗犷，是这款葡萄酒的特色。此后相继而来的是欧亚甘草的香甜，同时又夹杂着皮革与红肉独特而性感的风味。这些滋味在口腔中萦绕，令人回味无穷。

29

Toscana IGT 2001 / Cennatoio

托斯卡纳IGT葡萄酒 2001

酒液呈现为鲜艳的宝石红色。酒杯边缘处的酒液为橙色，是酒体开始成熟的标志。

以清新的樱桃风味为主体，蕴含着油橄榄、皮革与泥土的滋味。在瓶塞开启的一瞬间，酒香四溢，令人垂涎欲滴。

含在口中，清爽的酸涩刺激着我们的味觉，成熟的风味与香醇在口中萦绕。酒香绵长而纤细。这款葡萄酒无论是外观、香气或者味道，都是无可挑剔的。现在正是最佳饮用时期。

30

Castello di Fonterutoli Chianti Classico 2005 / Mazzei

基昂蒂经典红葡萄酒 2005

呈鲜艳的宝石红色，略偏紫色。透过酒杯边缘，酒液边缘部分呈明亮的紫色。

酒香中含有酸樱桃的清新与浓缩度极高的洋李酱风味，同时蕴含着椰子的甘甜、肉桂的芬芳，以及产生于成熟橡木的丁香芳香。想要在这独特的橡木风味中融入果实的芬芳是需要一定时间的。

高等级的酸度与恰到好处的单宁达到了绝妙的平衡。酒中的果实滋味若隐若现，而且酒体饱满却不偏重，易于饮用。

圣祖维斯的香气

传统类型的酒中含有亲切的红色果香与三色堇的花香

圣祖维斯与纳比奥罗相同，因传统与现代的酿造工艺不同，在酒香方面两者之间有着巨大的差异。在大桶中经过较长时间陈酿成熟的传统类型葡萄酒，含有樱桃等亲切的红色水果的果香与三色堇的花香，并混有番茄干与红茶等因氧化熟成产生的风味。多表现为黑橄榄、铁钉等气味。而且，如“马厩臭味”一般的独特而浓郁的泥土味道，曾一度被视为圣祖维斯的特征（事实证明，这种味道并非来自葡萄本身，而是由于受到微生物的污染而产生的，现已大幅减少）。

另一方面，由现代工艺酿成的新型圣祖维斯葡萄酒，有着浓缩感极强的黑色系水果香，可以感受到成熟的洋李香气。另外，产生于法国栎树新桶的香气也是新型圣祖维斯葡萄酒的特征。可以清晰地感受到甘甜的香子兰、丁香花以及吐司的香气。

黑橄榄
香草豆荚
番茄干
铁钉
陈皮

Sangiovese

圣祖维斯的味道

柔韧而灵活，高雅而上乘的品质

虽说不如赤霞珠、纳比奥罗那般具有男子汉气概，但圣祖维斯葡萄酒也不欠缺强劲。柔韧而灵活，高雅而上乘，是圣祖维斯葡萄酒最为真实的写照。总体说来，圣祖维斯是兼备强劲酸味与适度涩味的葡萄酒。

圣祖维斯属于晚熟品种，每至深秋才逐渐成熟。因此，若不能经过秋天的洗礼，圣祖维斯的果实将无法成熟，酿出的葡萄酒则带有青涩而粗犷的涩味，酸味也会过于强劲。曾经为缓和这种“筋骨强劲难于饮用”的状况，酿酒师们在圣祖维斯中加入了口感柔和的卡耐奥罗黑葡萄与玛尔维萨等白葡萄。自20世纪70年代起，开始流行与赤霞珠、梅洛等法系品种搭配，于是圣祖维斯趋于柔和，不再过于强劲。但是，生长在最适宜地区、使用最适宜的方法栽培而成的圣祖维斯，不需要与任何品种搭配，便可酿出平衡感完美而伟大的葡萄酒。

纳比奥罗

孕育了意大利红葡萄酒之王“巴罗洛”

Nebbiolo

酿造有世界上最具个性的葡萄酒

纳比奥罗定居于意大利北部，在以皮埃蒙特大区为中心的几个地区种植。

这是一个极为挑剔气候条件的葡萄品种，在原产地之外的土地上，几乎无法成功种植。但毋庸置疑的是，纳比奥罗孕育了世界上最具个性的葡萄酒，而且生产规模极大。使用该品种酿造而成的葡萄酒，具有极长的寿命。

皮埃蒙特大区的阿尔巴丘陵地带，将纳比奥罗的潜力发挥得淋漓尽致。有“意大利葡萄酒之王”之称的巴罗洛，以及与其相比稍显逊色的第二名品芭芭莱斯科葡萄酒，都是具有代表性的纳比奥罗葡萄酒。瓦尔泰利纳地区位于伦巴第大区，与皮埃蒙特大区相邻，这里同样生产有品质卓越的葡萄酒。

每当进入深秋，阿尔巴丘陵便会生起浓雾。晚熟的纳比奥罗在浓雾（Nebbia）之中静静地等待着收获的时节。这就是纳比奥罗名称的起源。而且在纳比奥罗葡萄酒中含有深秋的气息，令人流连不已。

由此开启葡萄酒品鉴之路，提升你的品酒能力

31 32 33

巴罗洛葡萄酒2004/埃斯利亚酒庄

14.5° /8,715日元

现代派巴罗洛葡萄酒生产商在20世纪80年代的时候，以葡萄酒出口商马尔科·基拉奇亚为中心人物，结成集团，俗称“巴罗洛男孩儿们”。新型巴罗洛葡萄酒以色泽浓郁，富有浓郁果实滋味与橡木风味为特点，在美洲乃至世界赢得好评、博得喝彩。

埃斯利亚酒庄是当代“巴罗洛男孩儿们”中的领军人物。而且埃斯利亚酒庄与作为初代之星的帕奥罗·斯卡维诺，有着一脉相承的血统。这次所推荐的巴罗洛葡萄酒是埃斯利亚酒庄的普通熟成，除此之外，还有展现葡萄田土壤个性、以葡萄园名字命名的布里克·菲亚斯科巴罗洛葡萄酒以及圣罗格巴罗洛葡萄酒等，每一款都堪称新型巴罗洛葡萄酒的经典之作。

瓦尔泰利纳斯泰尔“五星”红葡萄酒2004/尼诺·涅格里酒庄

15° /9,600日元

瓦尔泰利纳紧邻皮埃蒙特大区，与米兰同属伦巴第大区。在当地，纳比奥罗葡萄种植在斜坡上，主要用来生产熟成型葡萄酒。葡萄在经过阴凉风干后，果实糖分会增高，因此，使用这种葡萄酿出的斯泰尔系列葡萄酒具有浓烈的口感，以质地浑厚、高酒精浓度为特点，并有着浓郁的果实滋味。

尼诺·涅格里酒庄是瓦尔泰利纳地区最大、品质最高的葡萄酒酿造商，在著名酿酒师卡斯米罗·莫勒的长年努力下，尼诺·涅格里酒庄博得了来自世界各地的好评。这次所推荐的斯泰尔钻石五星葡萄酒，与皮埃蒙特大区所产的纳比奥罗葡萄酒不同，可谓是葡萄酒世界中划时代的里程碑。

巴罗洛产区布里克博仕珍藏葡萄酒2001/卡瓦罗托酒庄

14.5° /11,550日元

卡瓦罗托酒庄位于意大利巴罗洛产区，由卡瓦罗托家族的奥菲欧与朱塞佩两兄弟经营。卡瓦罗托酒庄与埃斯利亚酒庄相同，是一家传统流派的酿酒商。这里生产的巴罗洛葡萄酒味道极其经典，是对古典风格的完美演绎，因此近年来受到了广泛瞩目，人气持续飙升。

在发酵过程中，卡瓦罗托酒庄与现代流派的酒庄相同，选用回转式发酵方法，但将萃取时间延长至2~3周，之后在未烘烤的斯拉夫木桶（极其大型的木桶）中熟成3~6年。

卡瓦罗托酒庄由葡萄酒世家经营，拥有葡萄田23公顷，其中，仅布里克博仕就占地18公顷，是巴罗洛产区屈指可数的名园。朱塞佩·卡瓦罗托使用这块土地上出产的最为优质的葡萄，酿出了这款值得珍藏的葡萄酒。

· 上述葡萄酒价格仅供参考。

3款纳比奥罗葡萄酒的品鉴

外观·香气·味道

31

Barolo 2004 / Azelia

巴罗洛葡萄酒2004

酒杯的中心部位酒液为深棕色，略带有石榴红色。在靠近酒杯内壁的边缘处，酒液晕染为橙色。

酒中含有黑樱桃、黑醋栗等小颗粒果实的浓香，以及三色堇的花香与肉桂的浓香，给人以优雅上乘之感。同时还可以嗅到一丝燕麦吐司与椰子的风味，浓郁度适中，不会遮盖掉其他气味。成熟的气息开始展现，可以隐约感受到烟草的味道。与㉝那款带有枯萎感的葡萄酒相比，还略显年轻。

紧缩感极强的酸味与结构坚实而紧凑的涩味充斥在口腔中的每一个角落。想要将这款葡萄酒的潜能激发出来，恐怕还需要经过2~3年的熟成期，届时，葡萄酒的味道将会变得更加美妙。

32

"5 Stelle" Valtellina Sfursat 2004 / Nino Negri

瓦尔泰利纳斯泰尔“五星”红葡萄酒2004

整体呈现为艳丽的石榴红色。橙色色阶跨度大，靠近酒杯边缘处的酒液为无色透明。

无花果干、松露、焦油、小树枝，酒杯中不断散发着这些因熟成而产生的复杂香气。每次缓缓转动酒杯，都可以感受到一种新的香气。此外，隐约可以感受到一丝“青涩感”，如同植物茎一般，但是这种香气随着时间的推移将逐渐成熟，最终会变成烟草的气味。

酸味丰富而具有轮廓感。涩味十足，牙龈处有收缩感，饮用后口腔中变得干燥、清爽。酒精浓度偏高，喉咙处有一丝温热感。

33

Barolo Bricco Boschis San Giuseppe Riserva2001 / Cavallotto

巴罗洛产区布里克博仕珍藏葡萄酒2001

随着酒液的成熟，颜色逐渐变浅，呈现为石榴红色。中心部位为茶色，愈靠近边缘处，酒液中的橙色调愈强。

酒香成熟而浓郁，以无花果干等水果干的浓香为主，夹杂有干花、落叶、腐叶土等成熟的香气，丰盈而醇厚。

入口后，首先感受到的是紧缩感极强的酸味。涩味丰盈，因酒液的成熟，与酸味融为一体。而且酒液具有较强的浓缩感与丰富的滋味。余味绵长，延伸感极佳，给人留下复杂而纤细的印象。是一款可以充分领略到传统巴罗洛风味的葡萄酒。

纳比奥罗的香气

花香浓郁，给人以优雅高贵之感

如今，纳比奥罗葡萄酒主要分为两大类型——传统派与现代派，但两者在酒香方面有着巨大的差异。

传统派酿造者遵循意大利固有酿造工艺，酿造出的葡萄酒有着成熟而稳重的浓郁酒香。酒中含有果香，但并非是新鲜的水果香气，而是浓郁的水果干风味。此外，还可以感受到甘草、枯叶、腐叶土、焦油、鞣皮等一系列成熟的滋味。

另一方面，现代派酿造者采用现代化的酿造方法，生产着符合当代国际市场流行趋势的葡萄酒。与传统派不同，酒香中首先呈现出来的是清新的水果香气与栎木桶的风味。对于初次饮用的人来说，酒香华丽而易于接受。

玫瑰花瓣与三色堇的浓郁花香，是传统派与现代派两大类型葡萄酒的共通之处。这种花香给纳比奥罗葡萄酒增添了一层高贵而优雅的色彩。

Nebbiolo

纳比奥罗的味道

酒精浓度高，具有强烈的酸味与涩味

纳比奥罗的特点在于，有着如战车般的浓烈滋味。首先是可以将人击败的强烈涩味。这种涩味为葡萄酒带来了惊人的超长寿命，但对于还未完全习惯饮用葡萄酒的人来说，这是一种难以接受的涩味。不仅涩味如此，纳比奥罗的酸味也十分强劲。酸味与涩味相互融合、相互促进，进一步提升了酒的浓烈感。而且，纳比奥罗葡萄酒的酒精浓度也很高。虽说纳比奥罗是在寒冷气候下酿造而成的，但超过14° 的葡萄酒并不罕见。

在饮用纳比奥罗葡萄酒的时候，有三大诀窍。第一，习惯酒的浓烈之感。在不断饮用的过程中，逐渐习惯这种强烈的刺激，并从中享受乐趣。第二，待酒充分成熟后饮用，届时滋味将变得柔和，易于饮用。但现代派类型的葡萄酒，可以稍提早一些饮用。第三，与菜肴搭配享受。野生肉类等带有秋天味道的菜品与纳比奥罗搭配最为合适。

歌海娜

可酿造红葡萄酒、加强型葡萄酒、桃红葡萄酒等多种类型

果实：颗粒中等或偏小，为球状或偏小的椭圆形。果皮为紫色，在阳光的照耀下，富有光泽。

叶子：中等大小，几乎不出现裂片。

果穗：为中等偏大的圆锥形。果实颗粒分布中等，略显密集。

Grenache

种植于法国南部、意大利地中海沿岸等地，易成活，喜好温暖干燥气候

歌海娜曾是世界上种植面积最为广阔的葡萄品种，而且该葡萄品种适于酿造红葡萄酒、桃红葡萄酒、加强型葡萄酒等各种类型的葡萄酒，因此被视为不会令饮用者感到厌烦的多面手品种。

那么，歌海娜的种植面积又为何会如此广阔呢？这是由于歌海娜喜好温暖而干燥的气候，而且作为葡萄酒的故乡，地中海世界恰好有着最为适宜的条件。歌海娜从故乡西班牙启程，翻山越岭，来到了法国南部（朗格多克·鲁西永地区、罗纳河流域）与意大利等地，在地中海沿岸这片广阔的区域内延伸开来。

此外，在葡萄酒市场尚未被流行所影响的时候，歌海娜在气候温暖的新世界（加利福尼亚州与澳大利亚等地），博得了众多酿酒师的喜爱。

如今，在澳大利亚，仍酿造有名为“GSM（即歌海娜、西拉、幕尔伟德混合酿造之意）”的罗纳河型葡萄酒，并且受到了较高的评价。

由此开启葡萄酒品鉴之路，提升你的品酒能力

塔维尔镇艾彼格桃红葡萄酒 2007/保罗·嘉伯乐酒庄

13.5°/3,150日元

使用歌海娜酿造的桃红葡萄酒也颇受欢迎，法国南部出产的几款桃红葡萄酒可谓是巅峰之作。产自罗纳河谷南部塔维尔镇的桃红葡萄酒便享有"桃红之王"的美誉。一般情况下，桃红葡萄酒的寿命都很短暂，但是塔维尔酒色泽相对浓郁，涩味结构结实，因此口感可因成熟而有所提高。

保罗·嘉伯乐酒庄创立于1834年，位于罗纳河谷流域北部的埃米塔日产区，是一家著名的大型葡萄酒生产商。由创始人家族经营至第七代传人后，于2006年被芙蕾家族收购。在经营者更替之后，该酒庄的葡萄酒类型焕然一新，持续低迷的品质也得以改善，再次迎来巅峰时期。

教皇新堡村干红葡萄酒 2006/老电报酒庄

14.5°/11,655日元

在法国南部，歌海娜的种植面积十分广阔，其中，位于罗纳河谷南部的老电报酒庄是当地最为著名的葡萄酒生产商。"教皇新堡"这个响亮的名字，是根据史实命名的。在14世纪的时候，这块土地上曾建造有罗马教皇厅。教皇新堡村规定使用的葡萄品种共计13种，其中歌海娜是基本品种，大部分红酒在酿造时都会使用到它。

老电报酒庄是教皇新堡村最具代表性的酿酒商之一，这里秉承传统的自然栽培方法与酿造工艺，生产有平衡感极佳的葡萄酒，产量稳定。这款拉克罗葡萄酒是由古老葡萄树的果实酿造而成的，树龄在60~80年之间，是老电报酒庄的最高级名酿。

普里奥拉托Dofi酒 2005/阿瓦罗·帕拉西欧酒庄

14.5°/6,825日元

在西班牙大量种植着歌海娜，但在这里，它的名字变为了加尔纳恰。其中，普里奥拉托所产的歌海娜葡萄酒品质最棒，评价最高。这片土地位于西班牙西北部的地中海沿岸山脉之中，有着长达8个多世纪的葡萄酒酿造历史，但是直至二十多年以前，随着新型歌海娜葡萄酒的问世，普里奥拉托的葡萄酒生产商们才开始得到世界的认可。

在这些锐意进取的酿造商当中，阿瓦罗·帕拉西欧酒庄最为出色，受到了来自世界各地的好评。埃米塔葡萄酒是该酒庄的旗舰酒款，其标价甚至超过了5万日元。

·上述葡萄酒价格仅供参考。

3 款歌海娜葡萄酒的品鉴

外观·香气·味道

34

Tavel L'espiègle Rosé 2007 / Paul Jaboulet Aîné

塔维尔镇艾彼格桃红葡萄酒 2007

鲜艳的淡红樱桃色。色调中带有一丝青涩感，给人以清凉的感觉。

酒香中含有丰富的酸草莓、红醋栗等酸度极高的红色系水果果香。此外，红胡椒、白胡椒等辛辣的滋味，是这款葡萄酒的迷人之处。

口感辛辣，酸度极高。涩味轻盈，结构紧密。果香浓郁，似乎口中填满了红色的水果。而且，白胡椒等辛辣的风味十分明显。无论是从葡萄酒酒体结构或口感等各方面来看，这款葡萄酒都堪称桃红葡萄酒中的典范。

35

Chateauneuf-du-Pape Rouge La Crau 2006 / Vieux Télégraphe

教皇新堡村干红葡萄酒 2006

整体呈现为石榴红色的酒液，自中心部位至边缘处，颜色逐渐变淡，橙色的色调逐渐增强。挂杯现象明显。

黑樱桃、蓝莓等小颗粒水果的滋味占据着酒香的中心位置。与仅呈现出一种风味的㊱号葡萄酒相比，这款酒的酒香更为复杂，可以感受到百里香等香草的气息以及香雪兰的花香。从整体上来看，酒香丰盈饱满而富有亲切感。

入口后，可以感受到纯正的酸味与大颗粒且结构分散的涩味。与酒香相同，可以感受到浓郁的黑色系水果果香，圆润柔滑的甘甜风味在口中弥散。

36

Priorato Finca Dofi 2005 / Alvaro Palacios

普里奥拉托Dofi酒 2005

浓郁而艳丽的红宝石色。至酒杯边缘处，酒液颜色饱满。旋转酒杯，在酒杯内壁形成的液滴大且间隔密集。

酒香具有浓缩感，给人留了下甘甜、纯美的整体印象。黑醋栗与黑莓的果香十分成熟，并且可以嗅到椰子的独特风味。完全体会不到因葡萄未成熟而产生的青涩感，是一款完全熟成的葡萄酒。

入口后，来自于酒液的能量感充斥在整个口腔之中。柔和而成熟的涩味，偏高的酒精浓度，与丰富的果实滋味，为这款葡萄酒赋予了霸气的印象。酒液入口后，便可以感受到强烈的分量感，而且这种分量感会一直持续到余味结束。

歌海娜的香气

温和、甘甜、松软而柔和

歌海娜虽为法国南部的葡萄品种，但其色素偏弱，色调柔和。歌海娜的香气与外观相同，给人以温和、甘甜、柔软的印象。这与西拉那种具有穿透力的香辛调料风味恰好相反。

但是，如果要列举出歌海娜的具体酒香构成，则是一件令人困惑的事情。在有些歌海娜葡萄酒中，黑莓等黑色系水果的香气占据着统治地位，但在有些酒中，却又可以清晰地感受到草莓等红色系水果的香气。而产生这种情况的原因，则与葡萄的收获量有关。一般情况下，葡萄的收获量越低，果香的浓缩度越高，就会出现由红色系果香过渡为黑色系果香的状况。同时，姜饼、黑橄榄这样的香气也会增强，呈现出浓郁而复杂的酒香。如果葡萄的收获量相对较高，果香的浓缩度便会降低，酒精也会随着酒香扑鼻而来。

Grenache

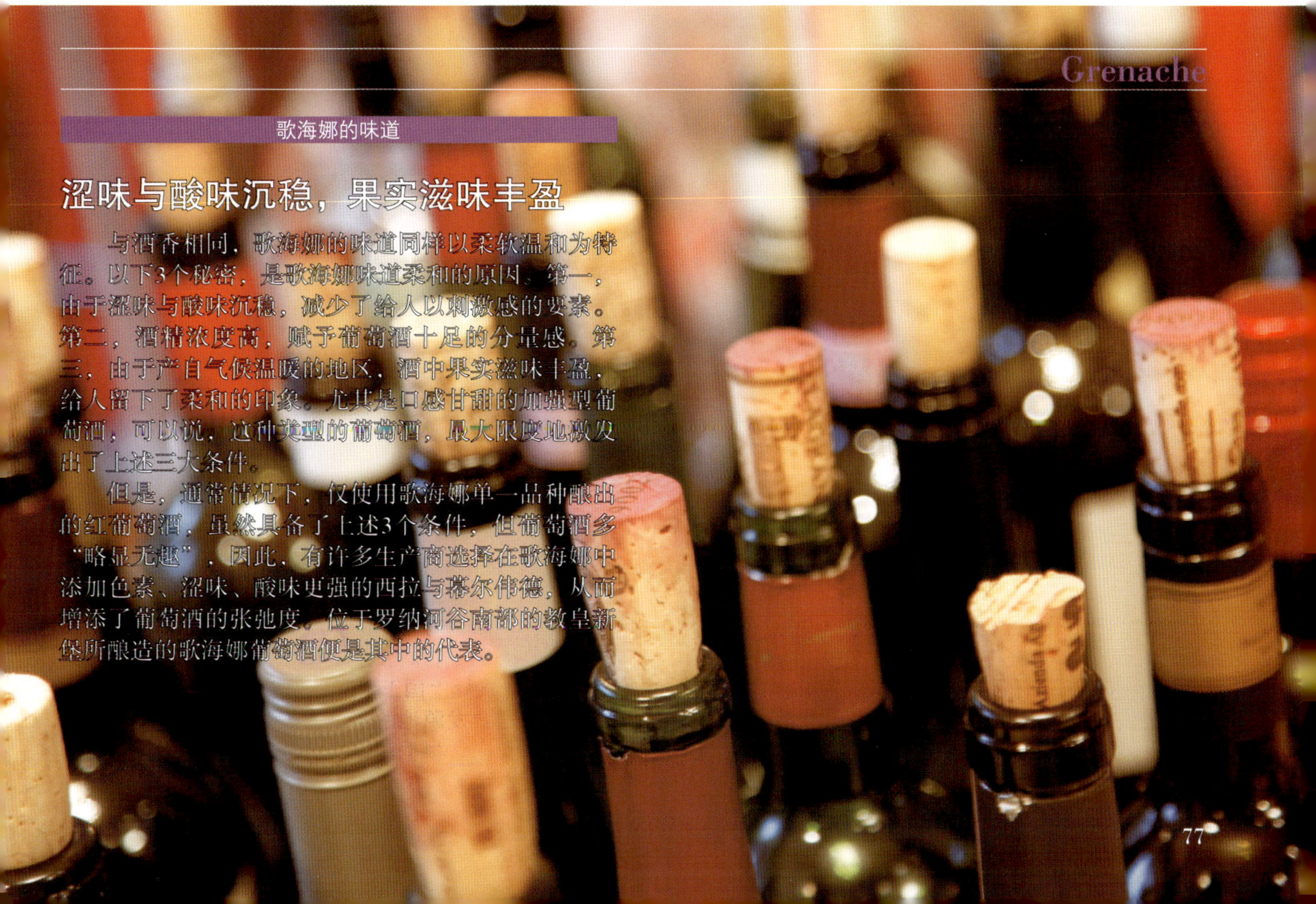

歌海娜的味道

涩味与酸味沉稳，果实滋味丰盈

与酒香相同，歌海娜的味道同样以柔软温和为特征。以下3个秘密，是歌海娜味道柔和的原因。第一，由于涩味与酸味沉稳，减少了给人以刺激感的要素。第二，酒精浓度高，赋予葡萄酒十足的分量感。第三，由于产自气候温暖的地区，酒中果实滋味丰盈，给人留下了柔和的印象。尤其是口感甘甜的加强型葡萄酒，可以说，这种类型的葡萄酒，最大限度地激发出了上述三大条件。

但是，通常情况下，仅使用歌海娜单一品种酿出的红葡萄酒，虽然具备了上述3个条件，但葡萄酒多“略显无趣”，因此，有许多生产商选择在歌海娜中添加色素、涩味、酸味更强的西拉与慕尔伟德，从而增添了葡萄酒的张弛度。位于罗纳河谷南部的教皇新堡所酿造的歌海娜葡萄酒便是其中的代表。

西拉

酸味极强，涩味沉稳，具有胡椒风味

Syrah

饮用者好恶感区分明显，不会出现购买失败的情况

在描述西拉的时候，经常有人会用到“有个性”、“具有强烈的自我主张感”这样的词汇。或许是因为这种明显的个性，西拉的饮用者被明确区分为喜好与厌恶两大派别，这也可以说是西拉的悲剧。但是，这种强烈的个性，为西拉增添了不少优点。

第一，无论处于哪个价格带，西拉所展现出的性格都趋于同一方向，因此，饮用者在购买葡萄酒的时候不会出现失败的情况。

第二，西拉虽然起源于法国罗纳河流域，但在其他产地，这种具有强烈个性的味道丝毫不会受到影响，易于成功酿造。

西拉喜好温暖的气候，因此，在罗纳河谷以外的地区，如澳大利亚、美国的俄勒冈州、南非等地，都取得了巨大的成功。在澳大利亚，西拉被称作“西拉斯”，是该国登上国王宝座的代表葡萄品种。

对于西拉发源地的争论，曾持续了相当长的一段时间。近年来，根据DNA鉴定，已表明西拉是不知名的葡萄品种杜莱兹和蒙德斯的后代。

由此开启葡萄酒品鉴之路，提升你的品酒能力

南澳大利亚BIN28卡琳娜西拉斯红葡萄酒2005/奔富酒园

14.5°/3,738日元

澳大利亚是与罗纳河谷北部并列的西拉中心产地。在这里，西拉被称作为“西拉斯”。在大洋洲温暖的气候条件下，葡萄果实完全成熟，因此孕育了许多果香四溢的葡萄酒。

奔富酒园是澳大利亚最古老的酿酒商之一，该酒庄的旗舰酒款格兰奇，是大洋洲西拉斯葡萄酒的巅峰之作。相传这款葡萄酒诞生于1951年，因其极长的寿命，在拍卖市场上创下了古酒交易纪录。

除格兰奇之外，奔富酒园酿造有多款西拉斯葡萄酒，每一款都物超所值，堪称经典。Bin28西拉斯葡萄酒主要选用产自巴罗莎山谷的葡萄果实酿造而成，味道经典且价格适中，因此在世界市场上博得盛赞。

克罗兹·埃米塔日红葡萄酒 2006/阿兰·格拉约

12°/4,200日元

在法国南部，西拉的种植面积十分广阔，但伟大的西拉葡萄田全部集中于罗纳河流域北部。其中，位于罗纳河左岸的埃米塔日产区拥有悠久的历史，出产有高品质的葡萄酒，是享有盛誉的著名西拉产地。

由于产量低、价格高，产自埃米塔日地区的葡萄酒很难买到。但是，紧邻这片伟大土地的克罗兹·埃米塔日，可以称得上是埃米塔日产区的弟弟。虽说葡萄田的土壤条件与哥哥相比稍显逊色，但优秀的酿酒师们同样将西拉的魅力展现得淋漓尽致。

在1985年以前，阿兰·格拉约是一名职员，在一家农药制造公司工作，后来成为一名酿酒师。虽然格拉约是自学成才，但他所酿造的葡萄酒是当地名副其实的头牌。

瓦鲁克坡米布兰特西拉红葡萄酒2006/K庄园

14.5°/5,250日元

近年来，美国西北部的华盛顿州成为了继罗纳河流域北部、澳大利亚之后的第三大西拉产地，受到了广泛瞩目。华盛顿州所产的西拉，其个性介于罗纳河谷北部与澳大利亚之间。

查尔斯·史密斯的K庄园，是当地具有代表性的酒庄。虽然K庄园的历史还很短暂，但是这里出产的西拉葡萄酒博得了世界各国评论家的盛赞。

K庄园的名字“K”，起源于一个偶然的小故事。在西拉的名字之后，连读两遍，听起来就好像是“K，西拉，西拉”的音，由此史密斯先生将庄园取名为“K”。虽然史密斯先生在取名这件事上十分随意，但他在葡萄酒的酿造方面却毫不懈怠，他期盼着K庄园会有一个美好的未来。

· 上述葡萄酒价格仅供参考。

3 款西拉葡萄酒的品鉴

外观 · 香气 · 味道

37

Shiraz Kalimna Bin 28 2005 / Penfolds

南澳大利亚BIN28卡琳娜西拉斯红葡萄酒2005

浓郁而漆黑的深宝石红色。自酒杯中心至边缘处，酒液色泽饱满，在紧贴内壁的边缘处可以隐约看到一丝紫色的光泽。

酒香浓缩度极高，强劲而有力道。黑加仑等浓郁的黑色水果果香占据着主导地位。牛奶巧克力以及可可般的甘甜滋味令人心情舒畅。微弱的薄荷香与黑胡椒的香气，使这款酒不再平凡。

味道丰盈圆润而不失重量感。酸味稍弱，但成熟而丰富的涩味给舌头带来了沉重的触感。是一款有着如果酱般醇厚浓缩感的葡萄酒。

38

Crozes Hermitage 2006 / Domaine Alain Graillot

克罗兹 · 埃米塔日红葡萄酒 2006

酒液整体呈现为略泛紫色的浓郁宝石红色。酒杯边缘处，明亮的紫色若隐若现。

酒香中充满了黑醋栗、蓝莓等小颗粒黑色系水果的青涩果香。随之而来的是三色堇的花香，以及迷迭香、百里香等香草与黑胡椒粉的香气。此外，还可以捕捉到黑橄榄、焦油、矿物等复杂的风味。

入口后，涩味充斥在口腔之中，略感粗糙。味道具有复杂性，胡椒风味可谓是点睛之笔。余味在矿物质的滋味中结束。

39

K Vintners Syrah Milbrandt 2006

瓦鲁克坡米布兰特西拉红葡萄酒 2006

呈宝石红色，浓郁适中，富有光泽。在酒杯内壁边缘处，可以看到鲜艳的紫红色光环。

黑樱桃、欧洲李等黑色水果的果香浓郁而新鲜，随之扑鼻而来的是白胡椒等辛辣的风味。因木桶熟成而产生的焦香、椰子的气味与果实滋味相互萦绕，达到完美平衡。

酸味沉稳而圆润，涩味优质而润滑。具有浓缩的果实滋味，偏高的酒精浓度，略微甘甜的口感。浓郁的果实滋味一直持续到余味结束。是一款可以在年轻状态下饮用的葡萄酒。

赤霞珠的香气

具有浓烈的香辛调料风味以及黑色系果实浓香

扑鼻而来的黑胡椒风味，是西拉酒香中最为重要的特征。在这种香辛调料的风味中，偶尔也会感受到迷迭香、百里香、薰衣草等野生香草的味道。但是，无论产自哪里的西拉，都带有强烈的辛辣风味，而且这种风味能够在饮用者的脑海里留下鲜明的印象，令人挥之不去。由于这种特殊的气味，西拉成为了“有个性”、“自我主张极强”的葡萄品种。

那么，除了这种强烈的香辛调料风味外，西拉就不含有其他具有特征的气味了吗？其实并非如此。在西拉葡萄酒中，一定能够感受到黑色系果实的浓香。黑醋栗、蓝莓等都是具有代表性的果香。如果是产自罗纳河谷的葡萄酒，还可以感受到黑橄榄与焦油的气味。而在澳大利亚等地，由于日照充足，葡萄可以达到完全成熟的状态，因此，新鲜的黑色系果香将变化为蓝莓果酱般浓郁的甘甜果香。

黑醋栗

黑胡椒

洋李

迷迭香

三色堇

Syrah

西拉的味道

极强的涩味，沉稳的酸味，以及具有强烈刺激感的胡椒风味

如果说西拉酒香浓烈，那么独特的味道则是西拉的另一个特征。含在口中，首先呈现出来的便是具有强烈刺激感的胡椒风味。但是，西拉的特点并非仅此而已。强劲的涩味，沉稳的酸味，而且葡萄易于成熟，酒精浓度高，这些都是西拉的个性所在。其中，西拉属于“四大味涩葡萄品种”（另外三种分别为赤霞珠、纳比奥罗、丹那）之一，因此，丰富的单宁为葡萄酒的长寿提供了保障。

西拉曾经在澳大利亚被称作“做粗工的葡萄（Workhorse Grape）”，这是因为西拉“能够完成各种工作”。红葡萄酒自不必说，甘甜的桃红葡萄酒，起泡葡萄酒，加强型葡萄酒，乃至使用活性炭去除色素的白葡萄酒，都能够使用西拉酿造。由此不难看出，西拉适合于酿造多种类型的葡萄酒，是极富个性的葡萄品种。

添普兰尼洛

酸味的强弱随葡萄成熟程度而变化

叶子：偏大，有5片裂片，且裂痕较深。裂片间有重叠现象。

果实：为中等大小的球形，尖部颗粒为平滑的梨形。果皮为浓郁的蓝黑色。

果穗：中等偏大，为圆柱形或偏长的圆锥形。果实颗粒分布，略显密集。

Tempranillo

西班牙与葡萄牙地区的主要品种，酿造的葡萄酒品质很高

毫无疑问，添普兰尼洛是西班牙引以为荣的葡萄品种之一。添普兰尼洛分布于西班牙各地，是种植面积最为广阔的葡萄品种。可见，添普兰尼洛具有超高的人气。但是因其栽培面积广阔，有着过多的别名，如添德菲诺、添塔德多洛等，这些地域性的名字还有很多，容易使饮用者们产生混乱。

尽管如此，添普兰尼洛凭借着用它酿造的高质量葡萄酒，赢得了广大消费者的支持与厚爱。杜罗河岸产区的“贝加西西里亚酒庄”与“佩斯奎那酒庄”，使添普兰尼洛席卷全球、名扬四海，至今仍享有盛誉。当然，作为传统产地，里奥哈生产的葡萄酒也十分出色。此外，与西班牙相邻的葡萄牙，有着陈酿了100余年的特定年份波特酒，其中，添普兰尼洛是主要品种之一。可见，添普兰尼洛在葡萄牙也颇受瞩目。

由于添普兰尼洛属于早熟品种，因此它的名字源于西班牙语中“temprano（提早的）”一词，取早熟之意。

由此开启葡萄酒品鉴之路，提升你的品酒能力

添普兰尼洛特级陈酿葡萄酒 2001/瑞格尔侯爵酒园

14° /8,400日元

与意大利不同，无论传统流派还是现代流派，西班牙的酿酒商全部选用小木桶熟成葡萄酒。而这两个派别之间的不同之处主要在于熟成时间的长短上，传统类型的葡萄酒需要经过长时间的熟成时期。因此，酿出的葡萄酒味道复杂而沉稳。其中，相关法律对标签上标有特级熟成字样的葡萄酒进行了规定，这类葡萄酒需要在木桶或酒瓶中合计熟成5年以上的时间。

瑞格尔侯爵酒园于1860年由名为瑞格尔的贵族创建，是里奥哈地区的著名酿酒商。瑞格尔侯爵积极地推进里奥哈引进波尔多酿酒技术，促进了当地酿酒业的发展。瑞格尔酒庄虽然酿造着现代类型的葡萄酒，但这款特级陈酿葡萄酒滋味成熟而圆润，是瑞格尔侯爵酒园的招牌酒款。

・上述葡萄酒价格仅供参考。

里奥哈马丁森多亚陈酿葡萄酒 2004/埃雷德特・乌加特

14.15° /4,935日元

位于西班牙西北部埃布罗河流域的里奥哈，与杜罗河岸产区齐名，是西班牙具有代表性的添普兰尼洛产地。在19世纪后半期，里奥哈引进了法国波尔多地区的酿酒技术，此后，这里所产的葡萄酒品质与日俱增，最终名扬四海。现在的里奥哈与意大利的巴罗洛相同，生产有传统类型和现代类型的葡萄酒，每一类型的葡萄酒都有着不计其数的追捧者。

乌加特酒庄创始于1870年，历史悠久。生产有多种类型的葡萄酒，遍布于各个价格区间，具有超高的性价比。马丁・森多亚葡萄酒使用树龄超过100年的葡萄古树果实酿造，需在全新的木桶中熟成24个月而达到成熟状态，是现代类型葡萄酒中的高级名品。

维拉桑塔阿拉贡内斯葡萄酒 2007/若昂・拉莫斯

14° /3,853日元

说起添普兰尼洛的产地，则不得不提葡萄牙北部的杜罗河流域与南部阿连特茹地区，这里出产有著名的波特酒。在阿连特茹地区，添普兰尼洛被称作阿拉贡内斯，以传统工艺酿造，是一款具备酸味、涩味且口感清淡温和的葡萄酒。如今，在葡萄牙，有越来越多的现代工艺红葡萄酒涌向国际市场，阿连特茹地区也不例外。

若昂・拉莫斯是葡萄牙的著名葡萄酒酿造顾问。活跃于葡萄酒世界的他，在葡萄牙掀起了新型葡萄酒热潮。而且在葡萄牙国内，许多酿酒商接纳了拉莫斯的建议，开始酿造世界级葡萄酒。维拉桑塔是拉莫斯于1997年创建的品牌，现在在世界上享有盛誉。

3 款添普兰尼洛葡萄酒的品鉴

外观・香气・味道

40

Tinto Gran Reserva 2001 / Marqués de Riscal

添普兰尼洛特级陈酿葡萄酒 2001

酒液呈现为石榴红色，略带有深棕色。橙色色调沿中心至边缘方向逐渐增加，成熟的标志开始出现。

在黑樱桃等黑色水果果香之中，夹杂有烟叶、雪茄盒的气味，同时还含有可以令人联想到枯叶的味道。

口感辛辣，酸味略显收敛，并可以感受到整体结构结实的涩味。酒液中，再一次展现出水果干的浓郁滋味，以及小树枝的清香。逐渐丧失清新感的成熟滋味，丰盈而圆润，充斥在口腔中的每一个角落。余味绵长，直至结束也未曾丧失酒液中的成熟滋味。

41

Martin Cendoya Reserva 2004 / Heredad Ugarte

里奥哈马丁森多亚陈酿葡萄酒 2004

中心部位呈红宝石色，浓度适中。自酒液中心至酒杯边缘，逐渐由宝石色过渡为紫红色，可以清晰地观察到色调的变化。

酒香的浓缩感极强，如蓝莓、黑樱桃等水果酱般浓郁，同时含有烟草和焦油的气息。叶子的风味更是为葡萄酒增添了甘甜的印象。

与第㊵款瑞格尔侯爵庄园葡萄酒相同，涩味丝滑而圆润。但是，这款葡萄酒中黑色果实滋味的浓缩度更高，可以感受到强烈的分量感，拥有霸气，是现代派添普兰尼洛葡萄酒的典范。

42

Vila Santa Aragonês 2007 / João Portugal Ramos

维拉桑塔阿拉贡内斯葡萄酒 2007

带有紫色色调的浓郁宝石红色。靠近酒杯内壁的边缘处，泛着紫红色的光泽。

酒香中可以感受到酸樱桃、酸橙、草莓等果实的青涩滋味。在这浓郁的果香之中，弥散着木桶熟成过程中产生的香子兰风味，以及甘草、肉豆蔻等甘甜调味料的滋味，为酒香增添了一抹复杂感。

酒液口感辛辣，有着沉稳的酸味。涩味优质，柔滑而有质感。红色系水果的滋味十分新鲜，在口中产生了强烈的迸裂感。与第㊵款葡萄酒相比，这是一款可以充分享受果实滋味的葡萄酒。

添普兰尼洛的香气

烟草、鞣皮等源于木桶熟成的复杂香气

如果用水果来形容添普兰尼洛的酒香，草莓最为合适。但是，添普兰尼洛与纳比奥罗（详见第73页）相同，水果的气息并不是很清晰。因此，添普兰尼洛经常与多汁且果实滋味浓郁的品种搭配，如歌海娜、马苏埃拉、赤霞珠、梅洛等。

说到添普兰尼洛，就不能不提产生于木桶熟成过程中的香气。西班牙葡萄酒一般熟成于传统的美式栎木桶中，因此可以感受到椰奶般的甘甜（使用美式栎木桶熟成的葡萄酒多带有椰子的甘甜，而使用法式栎木桶熟成的葡萄酒则带有浓郁的香子兰气息）。此外，传统类型的添普兰尼洛葡萄酒上市之前，需要在木桶或者酒瓶中经过长时间的熟成，因此酒香复杂，含有烟草、鞣皮等熟成的滋味。

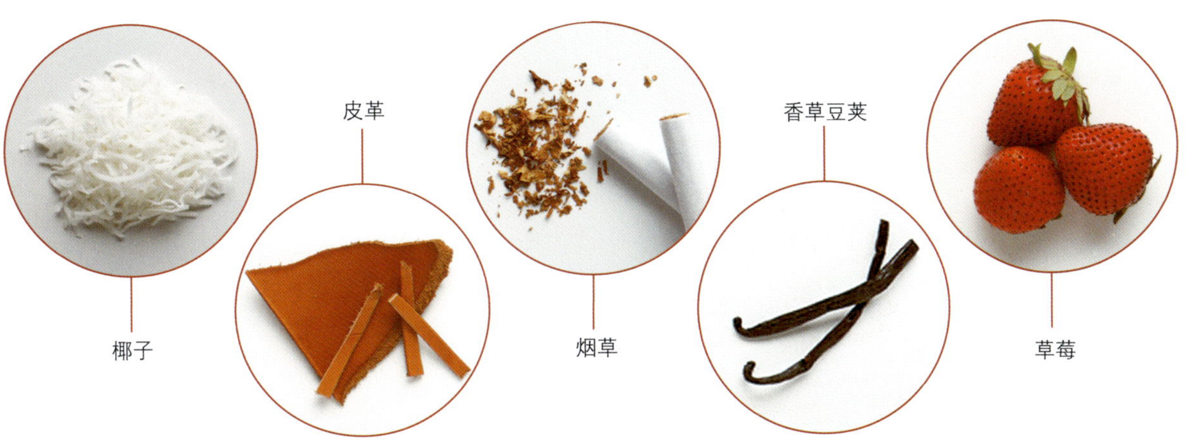

Tempranillo

添普兰尼洛的味道

短期成熟的葡萄酒果实滋味轻盈，分量感十足

添普兰尼洛广泛种植于西班牙各地，可用于酿造各种类型的葡萄酒，分布于各个价格带。因此，很难总结出添普兰尼洛的味道规律。添普兰尼洛的酸味会根据原料葡萄的成熟度发生变化，或强或弱。涩味也取决于品种自身的潜能。但是，也有许多生产者在酿造方法上下足工夫，以增强酒中的涩味。

果实滋味的强弱与葡萄酒整体的分量感，会因熟成方法而发生巨大的变化。在木桶或是瓶中经过长时间熟成的传统类型葡萄酒，欠缺新鲜的果实滋味，但有着极佳的口感与优质的涩味。

相反，现代类型的葡萄酒熟成时间短，有着轻盈的果实滋味，分量感也有所增强，极富魅力。近年来，不经过木桶熟成的葡萄酒开始增多，这种葡萄酒中的果实滋味更为浓郁水润。

产地专栏 2

意大利

①皮埃蒙特大区
②威尼托大区
③艾米利亚·罗马涅大区
④托斯卡纳大区
⑤翁布里亚大区
⑥拉齐奥大区
⑦卡帕尼亚大区
⑧马尔凯大区
⑨普利亚大区

都灵 威尼斯 佛罗伦萨 罗马 那不勒斯 撒丁岛 西西里岛

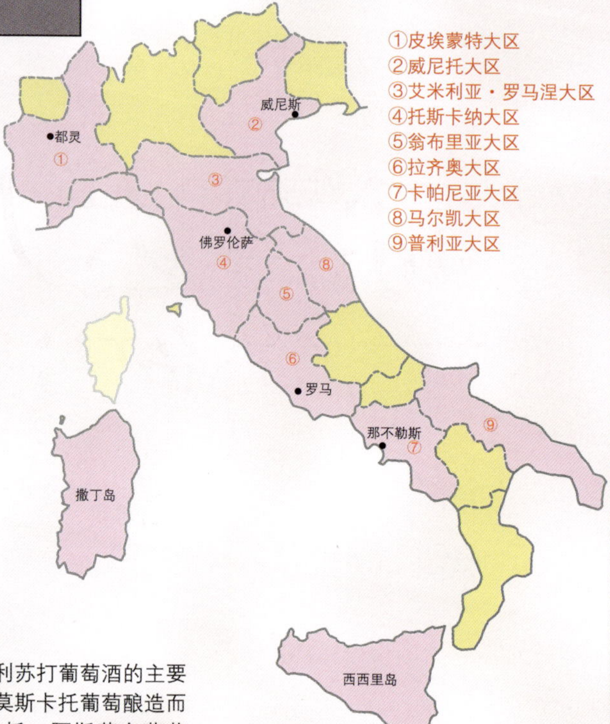

多样化的气候、土壤条件，庞大的本地葡萄品种体系，孕育了个性丰富的意大利葡萄酒

意大利每年生产的葡萄酒占据了全世界葡萄酒产量的五分之一，而且意大利的葡萄酒消费量与出口量均排在世界第一位。因此，意大利是名副其实的葡萄酒大国。这个长筒靴形状的国家，位于北纬37°~47°，阳光充足，有着温暖的气候条件。依傍着南北走势的山脉有着大量的斜坡，而且具有火山特性的土壤为葡萄酒的酿造提供了优越条件。

意大利的每一个大区都在进行着葡萄酒的酿造，各地区不同类型的气候、土壤条件，造就了多种多样的意大利葡萄酒。即使使用同一葡萄品种，由于产地不同，味道也会有所差异，这就是意大利葡萄酒的特点。另外，意大利是世界上本土葡萄品种最多的国家。经国家认定的葡萄品种多达415种，实际酿酒所用的葡萄品种也超过100种。

意大利的葡萄酒产地可分为5个大区，分别是北部的山麓地带、东北部的平原地区、亚平宁山脉西侧、亚平宁山脉东侧，以及地中海的岛屿。

皮埃蒙特大区与威尼托大区是北部山麓地带的代表产区。皮埃蒙特大区位于意大利西北端，紧邻阿尔卑斯山脉，这片区域冷暖温差大，经常出现浓雾现象。因此，这里酿造有以纳比奥罗、巴贝拉、多姿桃等意大利独有品种为中心的红葡萄酒。在使用纳比奥罗酿造而成的成熟类型葡萄酒中，“巴罗洛”与“芭芭莱斯科”最为著名。同时，这里也是意大利苏打葡萄酒的主要产地，出产有使用莫斯卡托葡萄酿造而成的传统“莫斯卡托·阿斯蒂白葡萄酒”。

以威尼斯为省会城市的威尼托大区，北部依傍着阿尔卑斯山脉，为丘陵地带，南部面朝阿德里亚海，是一片广阔的平原，这里出产有多种类型的葡萄酒。其中，以卡尔卡耐卡为主体酿造而成的传统“苏瓦韦”白葡萄酒最具代表性。而红葡萄酒的代表作则是以意大利当地品种科维纳·维罗纳斯为主原料酿造而成的“巴多利诺红葡萄酒”与“瓦尔波利塞拉葡萄酒”。

艾米利亚·罗马涅大区位于东北平原的中部。博洛尼亚、帕尔马等美食之城云集于此，而且这里出产的葡萄酒极富变化。其中，以阿尔瓦纳酿造而成的“罗马涅·阿尔瓦纳”白葡萄酒最为著名，享有“黄金般葡萄酒”之美誉。红葡萄酒则以口感厚重的“罗马涅·圣祖维斯”红葡萄酒为代表。此外“蓝沐斯起泡酒”也享有很高的知名度。

托斯卡纳、翁布里亚、拉齐奥以及卡帕尼亚，这4个大区位于亚平宁山脉西侧。其中，托斯卡纳大区与皮埃蒙特大区齐名，是高级葡萄酒产地，出产有多款口感厚重的红葡萄酒。意大利生产量最多的“基昂蒂”红葡萄酒就出产于托斯卡纳大区。此外，以圣祖维斯品种分支的布鲁耐罗酿造而成的“蒙塔奇诺·布鲁耐罗”红葡萄酒，以布鲁尼洛（布鲁耐罗的别名）为主体酿造的“蒙帕赛诺葡萄酒”，同样享有盛誉。

拥有那不勒斯的卡帕尼亚大区，产有意大利南部最高等级的红葡萄酒“图拉斯”与传统白葡萄酒“都福·格雷克”。阿里亚尼考是“图拉斯”红葡萄酒的主要原料，而这种葡萄可谓是意大利南部最为伟大的葡萄品种。用来酿造“都福·格雷克”白葡萄酒的格雷克，则是来自于希腊的葡萄品种。

位于亚平宁山脉东侧的马尔凯大区与普利亚大区，气候温暖，以酿造酸度较低的葡萄酒为主。“维迪奇诺葡萄酒”与“阿布鲁佐·蒙帕赛诺葡萄酒”等颇为著名。红葡萄酒品种黑达沃拉，白葡萄酒品种卡塔拉托、因索利亚，是漂浮于地中海中的西西里岛上独有的葡萄品种，这里主要出产酒精浓度高、酸度强、富有分量感的葡萄酒。此外，在撒丁岛上，使用维蒙蒂诺酿造而成的白葡萄酒十分著名。

在历史的长河中，意大利的每一块土地都孕育了各自独有的文化，因而诞生了各种风格的葡萄酒。

第3章

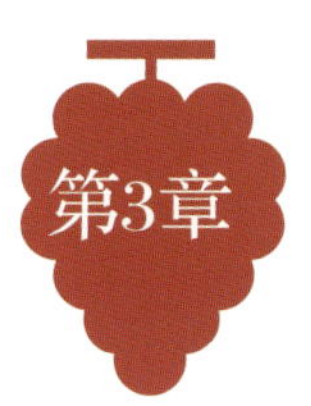

如何解读葡萄酒

葡萄酒达人教你如何正确解读葡萄酒

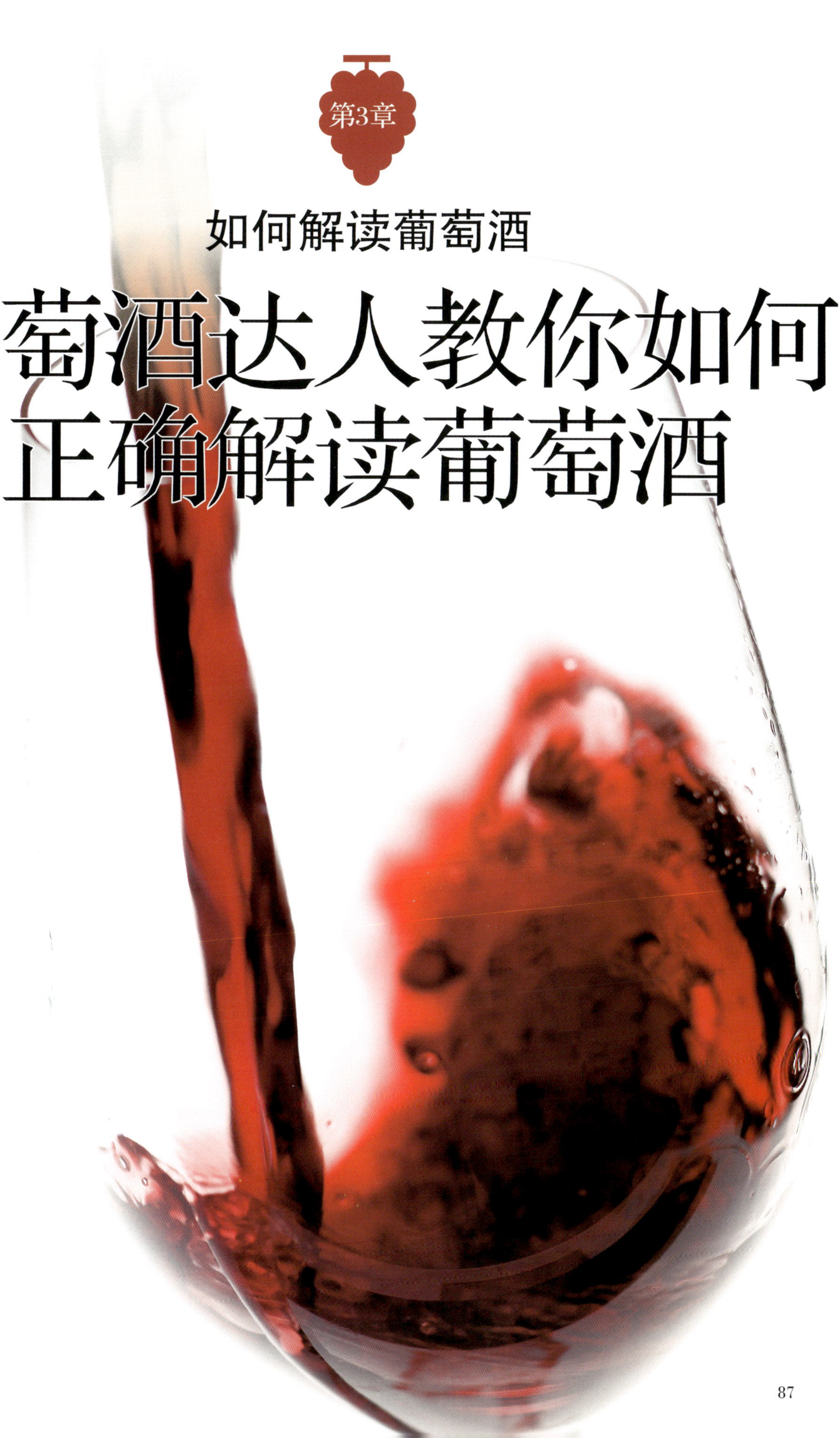

1

解读标签，了解葡萄酒

法国葡萄酒酒标的解读方法

法国葡萄酒根据品质大概可以分为4个等级。每个等级的葡萄酒标签上所标注的内容都不尽相同。

在日用餐酒的酒标上，标注有品质等级（Vin de Table）、灌装地名称、所在地、酒精度数、容量等。但不含有产地名称。对于灌装地名称则是以“Mis en Bouteilles par(a)~”的形式标明。

地区餐酒（Vin de Pays）是标注有原产地名称的日用餐酒。这一类餐酒可以通过产地名称分为行省级、地区级与地方级。

AOVDQS即优质地区餐酒，是标有“Appellation d'Origine Vins Delimites de Qualite Superieure”的字样的日用餐酒。这类餐酒的酒标上，除日用餐酒的基本内容外，还包括有原产地名称与年份。在法定产区葡萄酒（即AOC）的酒标上，标注有“Vins a Appellation d'Origine Controlee”（即原产地控制命名）的字样与原产地名称。同时也有合并记载的情况，即以“Vins a Appellation 原产地名称 Controlee”的形式标注。

波尔多出产的葡萄酒分为两种，一种是由葡萄园（即酒庄）灌装入瓶的，另一种则是由酒商（及运销商）酿造的葡萄酒。在葡萄园由酒庄装瓶的葡萄酒，酒标上标有酒庄名即葡萄酒的名称，以及葡萄酒的等级（请参照第92页）。而且，标注有“Mis en Bouteilles au Chateau”等字样，表示该葡萄酒由酒庄灌装入瓶。

而对于经运销商灌装的葡萄酒，在其酒标上，还标注有葡萄酒的名称（品牌名称或葡萄种植地区的名称）、运销商的名称以及灌装地。

勃艮第出产的葡萄酒几乎全部为运销商酿造，但也有少量经葡萄园（即酒庄）装瓶的葡萄酒。但无论以何种方式装瓶，勃艮第葡萄酒一律以法定产区名称命名，其中特级葡萄田仅标注有葡萄田名称，高级葡萄田则标注有村落名称与葡萄田名称。

在葡萄园灌装入瓶的葡萄酒酒标上，标注有“Mis en Bouteiles par le Proprietaire”、“Mis de la Propriete”、“Mis en Bouteiles par a la Proprietaire”、“Mis au Domaine”、“Mis du Domaine、“Mis en Bouteiles au Domaine”等表示该酒由葡萄园灌装的字样，同时还记载有葡萄园所有者的名字。无论以何种方式装瓶，进口葡萄酒的酒标上一律标注有原产国名称。

标签，是我们在选择葡萄酒时的引路者。标签上不仅标注有葡萄酒的名称，同时对葡萄酒的品质、产地、葡萄品种以及年份（葡萄收获年份）等各种内容进行了记载，可谓是葡萄酒的“身份证明”。

每一个国家，每一个地区，根据葡萄酒品质的不同，酒标上记载的内容都会有所差异。但是，只要了解了基本方法，便可以很轻易地解读葡萄酒的个性。

在这部分内容中，将为大家详细介绍法国、德国、意大利、西班牙、美国这5个国家葡萄酒酒标的解读方法。

德国葡萄酒酒标的解读方法

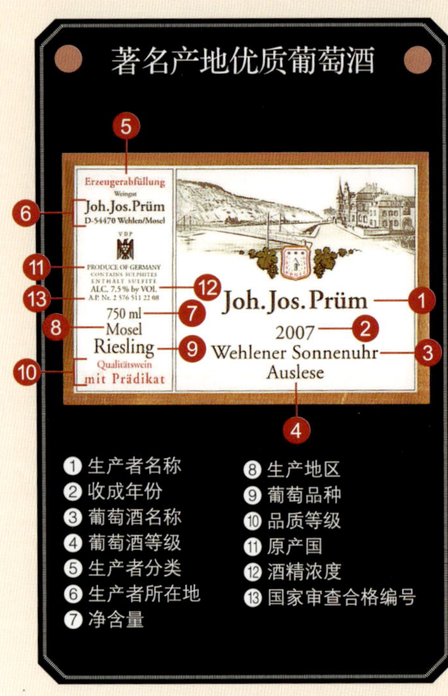

在德国葡萄酒的标签上，明确标有生产者名称、收成年份、葡萄酒名称、葡萄酒等级、生产者分类、生产者所在地、葡萄品种、品质等级、酒精浓度、净含量、原产国、国家审查合格编号。

葡萄酒的名称由收获葡萄的村落名称与葡萄田名称组成。在葡萄酒名称中添加葡萄田名称时，该田所产葡萄的使用量需达到葡萄酒酿造所用葡萄总量的85%以上。但是，对于逐粒精选葡萄酒与枯葡精选葡萄酒，使用量达到51%即可在葡萄酒名称中添加葡萄田名称。

在收成年份标志方面，该年所产葡萄使用量需达到葡萄使用总量的85%以上。对于葡萄品种的标注，同样要求该品种的使用量需达到使用总量的85%以上，但在两种葡萄混合酿造的情况下，也可能标注有两种葡萄的名称。对于QbA（即优质葡萄酒）与特高等级优质葡萄酒，需在此基础上明确标出生产地区。

根据生产者不同，德国葡萄酒可以分为3类：

①Erzeugerabfullung

即生产者装瓶。由葡萄种植者的合作伙伴或多名葡萄种植者共同灌装入瓶的葡萄酒。

②Gutsabfullung

即酿造商装瓶。符合法律规定具有经营资格的酿造商与葡萄种植者共同灌装入瓶的葡萄酒。

③Abfuller

由非葡萄栽培者灌装入瓶的葡萄酒。

意大利葡萄酒酒标的解读方法

意大利葡萄酒酒杯的标注，在DOCG（即高级法定产区葡萄酒）、DOC（即法定产区葡萄酒）、IGT（为严格按照法定产区规定酿造的葡萄酒）、VdT（即日用餐酒）各个等级之间，略有差异。但在原产地的称呼方式、装瓶公司所在地、酒精浓度、净含量、葡萄产地（不包括日用餐酒）等方面的标记要求相同。此外，有些葡萄酒的标签上还标注有其品牌名称。

西班牙葡萄酒酒标的解读方法

西班牙葡萄酒的标签上，对葡萄酒名称、收成年份、符合原产地称呼制度规定的名称、熟成时间、葡萄酒装瓶者名称及其所在地、净含量、酒精浓度等内容进行了标注。

葡萄酒的名称是以品牌、葡萄田、酒庄（即酿酒商）等原有名称直接命名的。原产地名称包括DOC（优秀法定产区）与DO（法定产区）。葡萄酒装瓶者的名称以“Embotellado par~”的形式标记。

根据熟成时间的长短，西班牙葡萄酒分为以下4类：

① 未熟成葡萄酒（Sin Crianza）

完全未经过木桶熟成或熟成时间在1年以下的葡萄酒。

② 佳酿葡萄酒（Crianza）

这个类别下的红葡萄酒，需在木桶或酒瓶中经过2年以上的熟成时间。其中，木桶熟成时间需超过6个月（里奥哈产地规定需超过1年）。白葡萄酒与桃红葡萄酒需在木桶或酒瓶中经过1年以上的熟成时间，其中，木桶熟成时间需超过6个月。

③ 珍藏葡萄酒（Reserva）

红葡萄酒需在木桶或酒瓶中经过3年以上的熟成时间。其中，木桶熟成时间需超过1年。白葡萄酒与桃红葡萄酒，需在木桶或酒瓶中经过2年以上的熟成时间，其中，木桶熟成时间需超过6个月。

④ 特级珍藏葡萄酒（Gran Reserva）

红葡萄酒在木桶中经过2年以上的熟成时间后，在酒瓶中熟成3年以上。白葡萄酒与桃红葡萄酒需在木桶或酒瓶中经过4年以上的熟成时间，其中，木桶熟成时间需超过6个月。

加州葡萄酒酒标的解读方法

加利福尼亚州葡萄酒的标签上，明确标注有葡萄酒的名称、葡萄品种、原产地、收成年份、酒精浓度、生产者的名称及所在地。

在葡萄酒名称方面，普通的日用餐酒以欧洲著名葡萄酒产地名称与葡萄酒类型名称命名，单一葡萄品种葡萄酒则以酿造商的名称与葡萄品种名称命名，专属品牌葡萄酒则是由生产者自由取名的葡萄酒。对于葡萄品种，只有在最低使用量超过75%的葡萄品种才能够在标签上有所标注。原产地是指葡萄的出产地，需标出州名、郡名，以及经政府认定为法定葡萄种植区域的地区名称（A.V.A）。对于收成年份，仅在该年所产葡萄使用量超过95%的情况下予以标注。

对于生产者名称及其所在地，共分为以下3种情况：

①标注有“Produced by ~”、“Made by ~”字样的葡萄酒

这样的标记表示该葡萄酒是由标明在酒标上的生产者使用所在地葡萄酿成的，该葡萄的最低使用量为总量的75%。

②标注有“Blended by ~”字样的葡萄酒

这样的标记表示标签上所注明的酿造者在其所在地酿造的葡萄酒，与其他产地葡萄酒进行了混合。

③标注有“Cellared by ~”、“Prepared by ~”、“Vinted by ~”字样的葡萄酒

标有这些字样的葡萄酒，是指该葡萄酒是由所注明的酿造者在其所在地酿造而成的。

此外，标有“Estate Bottled”字样的葡萄酒，是指由生产者装瓶的葡萄酒。

2

表示葡萄酒品质的等级制度

了解葡萄酒等级制度，解读高级葡萄酒

通过欧洲各国所推行的葡萄酒等级制度，我们可以轻而易举地了解到葡萄酒的品质。法国最先推行这种制度，之后，德国、意大利、西班牙等国也开始实行。葡萄酒的等级必须明确标注在标签上，因此葡萄酒的品质一目了然。所以在选购葡萄酒的的时候，请务必参考葡萄酒的等级。

法国葡萄酒的等级制度

根据葡萄酒的品质，法国葡萄酒可分为4类。按照等级制度中自下而上的顺序依次为日用餐酒（Vin de Table）、地区餐酒（Vin de Pays）、优质地区餐酒（Appellation d'Origine Vins Delimites de Qualite Superieure）与法定产区葡萄酒（Vins a Appellation d'Origine Controlee）。除等级最低的日用餐酒外，其他等级葡萄酒在生产地区、葡萄品种、酒精浓度、酿造方法、栽培即使等方面都要经过严格的认定，同时需要对葡萄酒进行化学分析与品质检验。葡萄酒等级越高认定标准越为严格。

日常伴餐饮用的葡萄酒

●日用餐酒（Vin de Table）

所谓餐酒，是指法国人在日常生活中伴餐饮用的葡萄酒。这种酒可以由不同产地的葡萄酒混合而成。在日用餐酒这一等级中的葡萄酒大致可以分为3类，一是只使用产自法国的葡萄酒制作而成，二是由欧盟各国生产的葡萄酒混合而成，三是指以进口葡萄果汁（使用生长在欧洲区域内的葡萄制作而成）为原料、在法国酿造而成的葡萄酒。

在这一等级葡萄酒酒瓶标签上，不对产地名称进行标注。

●地区餐酒（Vin de Pays）

是指在法国指定区域内生产、酿造，展现出地域特色的伴餐用酒。不允许与产自指定地区范围外的葡萄酒混合。

在葡萄酒标签上，标注有行省级名称、地区级名称与地域名称。

严格限定生产区域的优质葡萄酒

●优质地区餐酒（Appellation d'Origine Vins Delimites de Qualite Superieure）

是经过认定的上乘品质葡萄酒，等级名称可以缩写为VDQS。经认定的原产地多位于卢瓦尔河流域。

这一等级的葡萄酒，在酒标上标注有“Appellation d'Origine Vins Delimites de Qualite Superieure”的字样以及原产地名称，同时印有品质保证标记，该标记被设计为酒杯形状、并附有检验编号。

优质地区餐酒在法国葡萄酒中所占比例极低，仅有2%。

●法定产区葡萄酒（Vins a Appellation d'Origine Controlee）

是经原产地法规控制命名的葡萄酒，等级名称可缩写为AOC。这一等级的葡萄酒产自经法国政府认证的指定产地，生产条件符合法律规定，完美展现出该产地的个性，是葡萄酒品质优良的象征。在葡萄酒标签上，标注有“Vins a Appellation d;Origine Controlee”的字样与原产地名称，或以“Vins a Appellation 原产地名称 Controlee”形式标注。

法国政府对法定产区葡萄酒做出了极为严格的规定，除生产区域、葡萄种植品种、最低酒精含量、种植方法、酿造工艺之外，同时对发酵前原料葡萄汁所含糖分的最低限度、每公顷葡萄田的最高出产量、筛选方法、葡萄树种植密度等方面进行了严格规定。

AOC等级可进一步区分为3个等级，即大产区AOC、次产区AOC与村落级AOC。产区标志越小，葡萄酒生产的要求就越严格，葡萄酒品质也就越高。在勃艮第地区，甚至有比村落更狭小的AOC区域。

此外，在波尔多地区的梅多克产区与勃艮第地区，有着各自专属的等级区分制度。在梅多克产区将以村落命名的葡萄酒划分为一级（Premier Cru）至五级。而勃艮第地区则将葡萄田划分为特级（Gran Cru）、一级（Premier Cru）与其他级别。

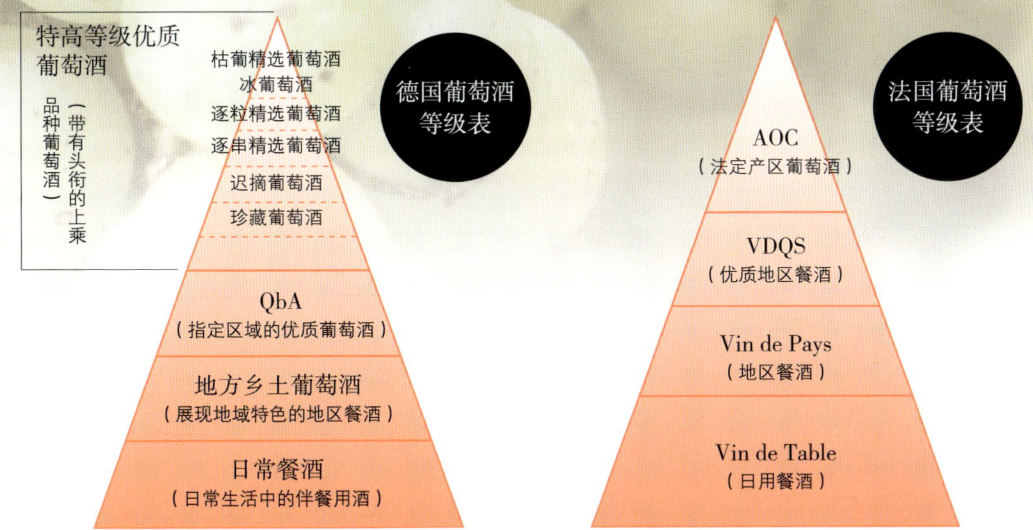

德国葡萄酒的等级制度

德国葡萄酒等级是根据所收获葡萄中的果汁含糖量为基准划分的。与法国相同，德国葡萄酒的等级划分不存在地域间的差异，著名产地与酿酒师的等级划分基准与普通葡萄酒相同。但是，葡萄酒交易价格却因生产地区与酿酒师的知名度产生了巨大差异。

●日常餐酒（Tafelwein）

即日常伴餐用酒。该级别下葡萄酒分为两种，一种是添加了产自欧洲各国的葡萄酿造而成的欧洲日常餐酒，另外一种是使用产自德国本土的葡萄酒酿造而成的德国日常餐酒。在德国有五大块地区生产着日常餐酒，但这一级别的葡萄酒标签上不需要表明葡萄田名称。

●地方乡土葡萄酒（Landwein）

与法国地区餐酒相同，这是具有地方特色的葡萄酒。该级别葡萄酒共有19块指定生产区域，每一个产区都生产有辛辣口感与微辛辣口感的葡萄酒。

●法定产区葡萄酒（Qualitatswein bestimmter Anbaugebiete）

即在法定产区内生产的高品质葡萄酒，其等级名称可简称为QbA，是在13块指定区域内生产的高级葡萄酒。这一级别葡萄酒生产所用葡萄的含糖度均在15° 以上。因天气条件恶劣收成欠佳的情况下，允许人工添加糖分。

冠以QbA之名的葡萄酒，不仅要求葡萄在指定的时间范围内收获，同时需要经过化学分析与品质鉴定。在审查合格后的葡萄酒上将标注有国家审查合格编号。

●特高等级优质葡萄酒（Pradikatswein）

是赋予了不同头衔的高级葡萄酒。这一级别的葡萄酒酿酒所使用的葡萄，在收获时葡萄果汁中的最低含糖量不得低于17.5° ，而且在发酵之前，不允许以任何人工形式进行糖分增添。此外，该级别葡萄酒的生产区域更为狭小，被限定在QbA法定产区之内，是QbA法定产区的特别子产区。

在审查内容中，除检验葡萄收获时的含糖量外，还需对新酒进行化学分析与品质鉴定。与法定产区葡萄酒相比，这一级别的葡萄酒审查更为严格。

根据收获时的葡萄含糖量，该级别下的葡萄酒可分为以下6 个等级，并分别赋予不同头衔，按照含糖量由少至多的顺序依次为：

1.珍藏葡萄酒
2.迟摘葡萄酒
3.逐串精选葡萄酒
4.逐粒精选葡萄酒
5.冰葡萄酒
6.枯葡精选葡萄酒

含糖量越高的葡萄酒价格越昂贵。

而且，不同生产区域、不同葡萄品种的含糖量划分基准不同。

在葡萄酒的标签上，明确标注有头衔等级，以及表明通过质量检验的审查合格编号。

此外，自2000年起，德国也开始出产“经典”与“精选”级别的高级辛辣口感葡萄酒。

欧洲的葡萄酒等级制度

于1970年制定并生效的欧洲同盟国葡萄酒法律中，以法国葡萄酒法律为基准，按照葡萄酒品质将葡萄酒分为两大类。

日常伴餐用酒

不对葡萄酒的生产地进行限定，不要求标签上必须注明原产地。

限定产区的优质葡萄酒

Vin de Qualiti Produit dans une Region Determinee（可简称为VQPRD），即在指定地区内生产的优质葡萄酒。根据规定，这一级别下的葡萄酒，在其标签上必须注明原产地。

意大利葡萄酒的等级制度

意大利的葡萄酒等级制度被称作DOC制度（即葡萄酒分级管理制度）。

根据葡萄酒品质由低到高依次为：

●日用餐酒（Vino da Tavola）

可简称为VdT，与法国日用餐酒相同，是日常生活中用来伴餐饮用的葡萄酒。相关法律规定，VdT级别葡萄酒仅限于使用产自意大利的葡萄酿制。在葡萄酒标签上仅需标明葡萄酒颜色，对于葡萄品种与生产年份无特殊规定。

●地区餐酒（Indicazione Geografica Tipica）

具有地方特色的葡萄酒，可以简称为VdIGT或IGT。与法国地区餐酒基本相同。葡萄酒标签上需标明产地，有些时候也会注明葡萄品种。

●法定产区葡萄酒（Denominazione di Origine Controllata）

即限定生产区域的葡萄酒，可简称为DOC。在最初划分葡萄酒品质等级的时候，DOC为最高级别，现在是意大利葡萄酒中的中流砥柱。相当于法国的优质地区餐酒（即AOVDQS），规定了葡萄的产地与品种，同时对葡萄酒酿造者所在地等条件进行了规定。是展现出各地方特色的葡萄酒。

●高级法定产区葡萄酒（Denominazione di Origine Controllata e Garantita）

是现今意大利葡萄酒中等级最高的葡萄酒。以连续5年为法定产区葡萄酒作为最低条件限制。对于葡萄酒，特别是具有传统个性的葡萄酒，在葡萄树的种植面积、最短熟成时间等方面进行了严

西班牙葡萄酒的等级制度

在西班牙加入欧盟之后，为管理国内葡萄酒品质，西班牙于1932年制定了葡萄酒分级管理制度。2003年，对分级制度进行了修订，将原有的4个品质等级重新划分为6个。根据葡萄酒品质，由低至高依次为：

●日用餐酒（Vino de Mesa）

可简称为VdM，是西班牙国内最为普通的餐桌葡萄酒。

●西班牙产日用餐酒（Vinedos de España）

为与价格低廉的进口葡萄酒进行区分，于2006年增添了这个品质等级。

●地区餐酒（Vino de la Tierra）

即VdlT。相当于法国的地区餐酒，是具有地域特征的地区餐酒。

●优质地区餐酒（Vino de Calidad con Idicacion Geografica）

可简称为VCIG。是标注有地区名称的高级葡萄酒。

●法定产区葡萄酒（Denominacion de Origen Calificada）

相当于法国AOC级别的葡萄酒。

●优质法定产区葡萄酒（Denominacion de origen Calificada）

即DOC。是卓越葡萄酒产地的标志。目前仅有里奥哈与普里奥拉托两个产区通过了认定。

●优质法定酒园葡萄酒（Vinos de Pagos）

即VP。酿造这一级别葡萄酒所使用的葡萄全部产自通过认定的优质葡萄田，而且酿酒所用葡萄必须产自同一块田地。至2009年为止，西班牙国内仅有9块葡萄田被鉴定为VP等级指定葡萄田。

意大利葡萄酒等级表

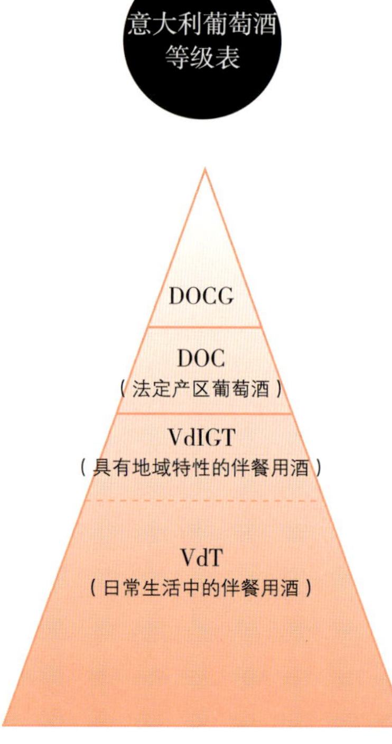

葡萄牙葡萄酒的等级制度

葡萄牙葡萄酒共分为4个等级。根据葡萄酒的品质，由低至高依次为：

●日常餐酒（Vinho de Masa）

即日常生活中的伴餐用酒。

●地区餐酒（Vinho Regional）

相当于法国的VdP等级（即地区餐酒），是具有地域特色的葡萄酒。可简称为VR。

●推荐产区葡萄酒（Indication of Regulated Provenance）

可以简称为IRP，是在1990年以后制定的、新的葡萄酒等级，相当于法国的VDQS等级（即优质地区餐酒）。是等待晋升为DOC（即法定产区葡萄酒）的候选葡萄酒。

●法定产区葡萄酒（Denomination of Controlled Origin）

与法国的AOC等级相同，是产自法定产区的葡萄酒。

美国葡萄酒的等级制度

在美国加利福尼亚州，共有6块葡萄酒产地，其中设有AVA（American Viticultural Area）地区，即通过政府认定、被指定为法定葡萄种植区域的地区。

该地区生产的葡萄酒共分为以下3种类型：

●普通餐酒（Generic wine）

这一类葡萄酒是以夏布利、摩泽尔等欧洲著名葡萄酒产地名称命名的葡萄酒，价格低廉，易于饮用。

●单一葡萄品种葡萄酒（Varietal wine）

是标记有原料葡萄名称的葡萄酒。根据规定，标记有名称的葡萄品种，其使用量需达到酿酒使用总量的75%以上。这一类别下包括有许多高级葡萄酒。

●专属品牌葡萄酒（Proprietary wine）

由生产者自行取名的葡萄酒。如“作品一号（Opus One）”、“多米诺斯（Dominus）”等葡萄酒，在世界范围内享有盛誉。

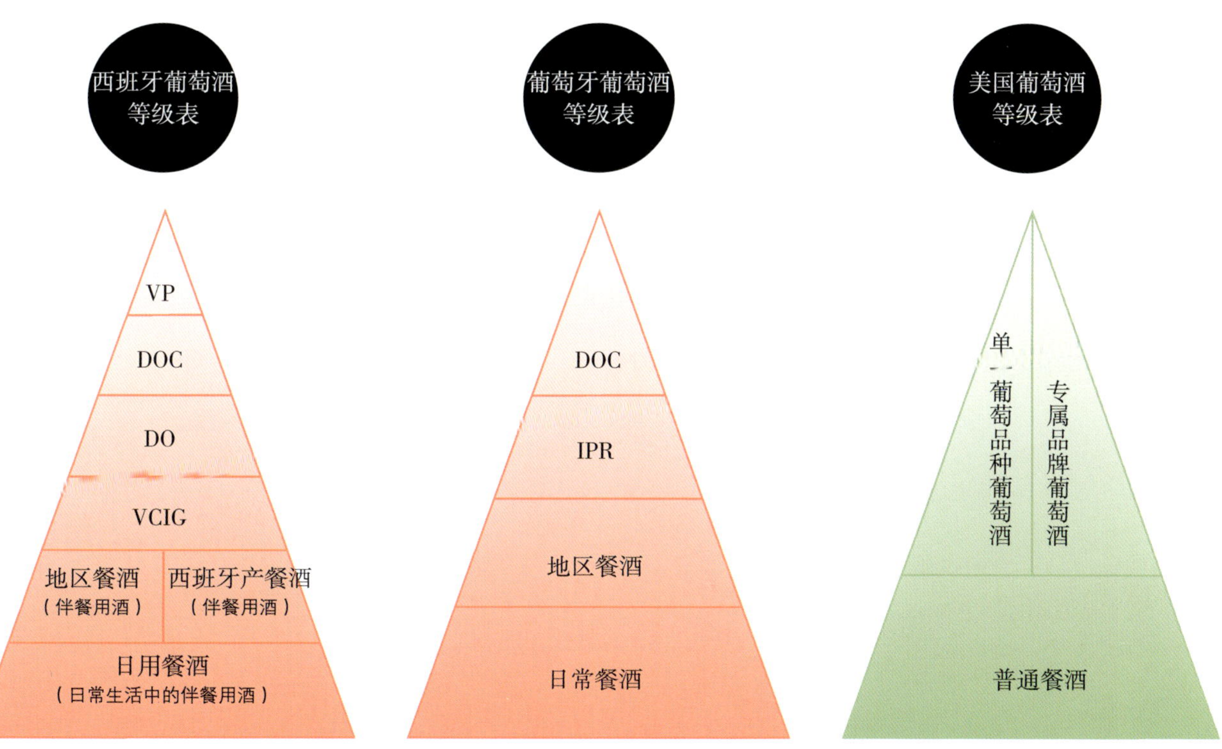

如何解读葡萄酒 3

正确而优雅的葡萄酒开瓶方法

葡萄酒的开瓶方法看起来难于掌握，但在熟记开瓶技巧之后，就会发现并没有想象中那么困难。而且现在市场上销售有多款优质的开瓶器，可以让你的开瓶动作高贵优雅而避免失败。

学习酒保的开瓶技艺

葡萄酒的酒瓶以橡木塞封口，并在瓶口部分包裹有塑料膜。虽然有专业的开瓶器帮助我们拔出橡木塞，但如果不擅长使用开瓶器的话，则会遇到许多困难。由于橡木塞的坚硬度以及柔韧性等因素，我们在拔出瓶塞的过程中，经常会发生瓶塞断裂的情况。

那么，我们如何才能够顺利地拔出瓶塞呢？下面就让我们跟着紫贵女士一起学习专业的开瓶方法吧！

酒刀的使用方法

1.除去包裹在瓶口处的塑料膜

在形形色色的葡萄酒开瓶器中，酒保们通常使用的是这款被称作“酒刀”的杠杆式开瓶器。在这款开瓶器中，有用来切割瓶口处塑料膜的小刀，用来拔掉瓶塞的螺旋钻以及杠杆的把手。

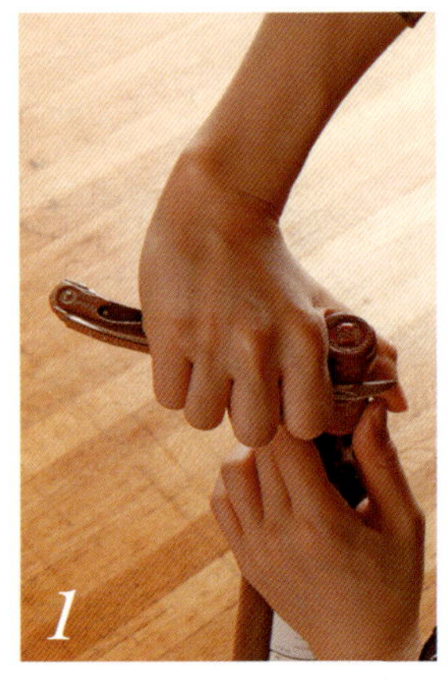
1

在酒瓶口稍凸出的边缘下侧，用小刀将塑料膜划开。左手握住瓶口，将酒瓶置于手臂内侧，沿瓶口左侧顺时针旋转小刀，划开塑料膜。

2

翻转手腕，逆时针旋转小刀，将剩余部分的塑料膜划开。此时掌心朝上，使用小刀切割塑料膜更为方便。

3

为了防止步骤2中切割的塑料膜没有完全割开，慎重起见，再次使用小刀重新切割。

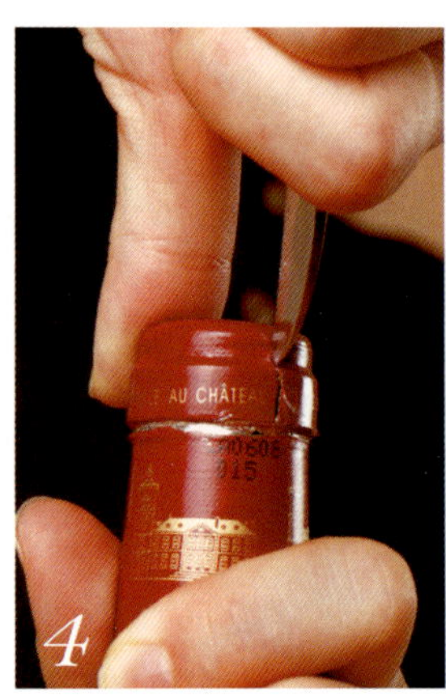
4

使用小刀的刀尖部位，将塑料膜纵向割开。

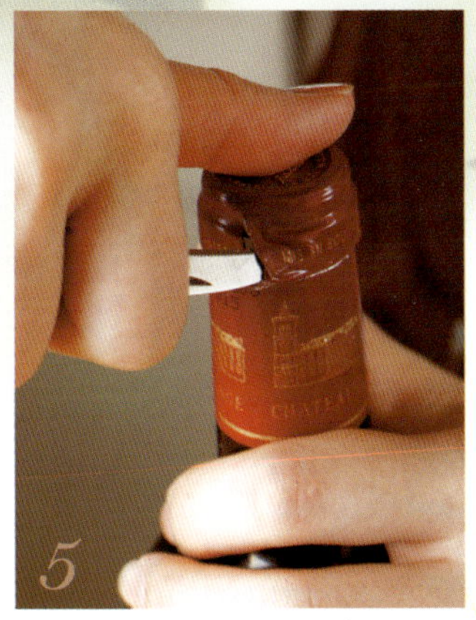

沿切痕下侧，将小刀尖部插入到塑料膜与酒瓶之间。

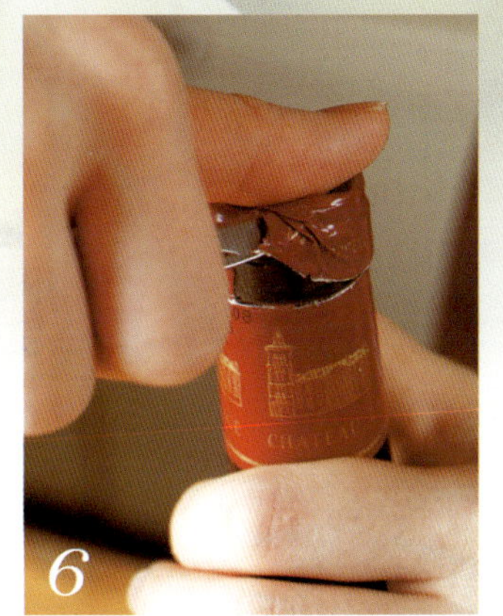

7

向上挑起刀尖，剥下塑料膜。

2.拔出瓶塞

将螺旋钻的尖部插入到橡木塞的中央部位。

垂直竖起螺旋钻，旋转螺旋钻。

当螺旋钻仅能再旋转一周的时候，停止旋转，压下杠杆把手，使之抵在酒瓶瓶口。

握住小刀一段的刀把，利用杠杆原理，缓慢地向上拔起瓶塞。将螺旋钻再次旋转一周后，继续向上拔起瓶塞。

握住橡木塞，左右摇摆。拔出橡木塞。

将橡木塞内侧靠近鼻尖，检验是否因变质产生了臭味。

其他类型的开瓶器

除杠杆式酒刀外，开瓶器的类型还包括T字型、双把手杠杆式、双动模式开瓶器，以及不带有螺旋钻的夹取式开瓶器。由于这些开瓶器不带有小刀，因此还需要另外准备小刀，用来割开酒瓶口的塑料膜。

电动葡萄酒开瓶器

将开瓶器安放在葡萄酒酒瓶瓶口，仅需按动按钮，便可自动拔出瓶塞的电动开瓶器。这个过程只需10秒便可完成。当瓶塞拔出后，开瓶器自动停止工作。另外设有按键，可将拔出的瓶塞从开瓶器中取出。另外，开瓶器的支架是用来切割塑料膜的切纸器。

双把手杠杆式开瓶器

用手将开瓶器下部的圆形开口固定在酒瓶瓶口，旋转上端的把手，螺旋钻便插入了橡木塞之中。

当螺旋钻完全插入橡木塞之后，将左右两端的把手向上抬起，即可拔出橡木塞。

当瓶塞落入酒瓶中的时候

在拔取橡木塞的时候，经常会出现瓶塞断裂的情况。只要处理得当，可以再一次将螺旋钻插入到橡木塞中，将剩下的部分拔出。但有些时候，我们无法将剩余的橡木塞拔出，只能任其落入酒瓶之中。

当橡木塞落入酒瓶之中，如果我们放任不管的话，就会有许多木屑从断裂的部位脱落，导致葡萄酒中充满了木屑。这时，就需要木塞夹取器帮助我们取出掉入到酒瓶之中的瓶塞。木塞夹取器可以深入到酒瓶内部，将落入葡萄酒中的瓶塞捞出来。

此外，当瓶塞掉入葡萄酒后，可以通过醒酒，去除混入酒中的细小木屑。

剥去塑料膜的便利工具

在使用除酒刀以外的其他类型开瓶器时，切纸器为剥除瓶口塑料膜提供了方便。将切纸器安放在瓶口凸起处，沿上侧边缘夹紧后，旋转切纸器，即可将塑料膜取下。

夹取式开瓶器

将钢制的两条长柄沿瓶塞与酒瓶的缝隙插入，不断左右倾斜、摇摆，使长柄完全插入到酒瓶之中，然后边旋转边向上用力，即可拔出瓶塞。

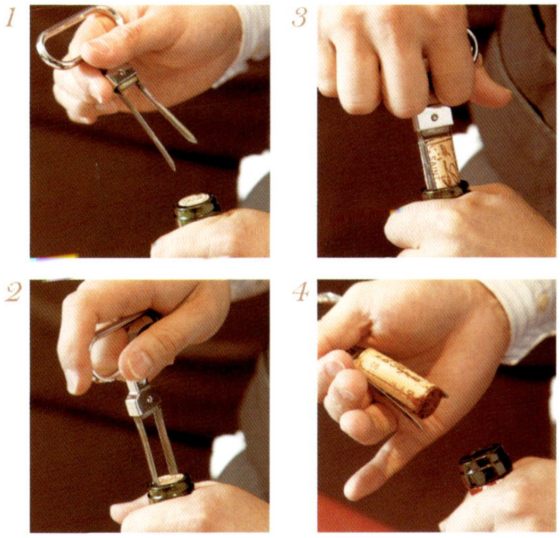

1

3

2

4

由橡木塞转变为螺旋盖——从澳大利亚开始流行的新趋势

近年来，我们经常能够看到使用螺旋盖代替传统橡木塞的葡萄酒。使用螺旋盖的葡萄酒最早出现在上世纪70年代，是从澳大利亚兴起的。

有许多人认为，只有价格低廉的葡萄酒才会使用螺旋盖，但实际上，使用螺旋盖可以解决因使用橡木塞导致的各种问题。

最初选择橡木塞密封酒瓶，是为了保存葡萄酒的原有味道。作为鲜活饮品的葡萄酒，在隔绝空气的状态下成熟、陈酿，其风味可以得到进一步提升。而橡木塞具有弹性，气密性极佳，抗腐蚀性极强，是密封葡萄酒酒瓶的最佳材料。

尽管橡木塞具有上述优点，但在实际使用过程中却产生了一系列问题。其中，橡木臭味这个问题最为严重。此外，由于橡木塞的品质参差不齐，导致葡萄酒的成熟程度因瓶而异。而且，作为天然素材，橡木塞带有树木的香气，以及香子兰、咖啡等香气成分，对葡萄酒的气味产生了一定影响。同时，也会导致葡萄酒丧失原有的独特香气。

而使用螺旋盖则可以避免因橡木塞这种纯天然素材而产生的问题。特别是螺旋盖独特的三层设计，使葡萄酒原有风味得到了完美保存。而且对于葡萄酒的成熟具有一定的促进作用。

进一步而言，使用螺旋盖有利于葡萄酒的长期密闭保存，而且开瓶简单，不需要借助任何工具，同时，对于未完全饮用的葡萄酒，可以再次密封，易于存放。可见，螺旋盖具有各种优点。从近年来橡木塞不断减少的状况来看，在不久的将来，经济效益极高的螺旋盖将得到推广，不仅是澳大利亚，在欧洲各国也将得到进一步的应用。

如何解读葡萄酒

4

打开香气，唤醒光泽的完美醒酒方式

“醒酒”，是酒保们使葡萄酒变得更加美味可口的一种“魔法”。

通过醒酒提升葡萄酒品质

醒酒，即先将葡萄酒移入醒酒器之中，再从醒酒器倒入酒杯的过程。

进行醒酒的目的包括以下几个方面。如果是经过长期陈酿的成熟葡萄酒，通过醒酒，可以去除酒中的酒渣与沉淀，唤醒葡萄酒的光泽。若是对年轻的葡萄酒进行醒酒，可以通过与空气接触，打开葡萄酒的酒香，从而提升葡萄酒的成熟度。

在品尝葡萄酒的时候，若发现酸味较重，可以通过醒酒，使葡萄酒的酒香散发出来。若温度过低，可以通过醒酒提升葡萄酒的酒温。

另外，醒酒主要是针对红葡萄酒来进行。

醒酒器的种类

改变葡萄酒与空气接触的表面积大小

醒酒器分为纵长型与底部横宽型两种。纵长型醒酒器用来去除成熟葡萄酒中的酒渣。而底部横宽型醒酒器可以增大葡萄酒与空气接触的表面积，从而使年轻的葡萄酒中融入更多的空气，提高葡萄酒的成熟度。

醒酒方法

准备醒酒器与蜡烛

1 **准备**

准备醒酒器与蜡烛。点燃蜡烛。用蜡烛可以清晰地观测到葡萄酒中的沉淀物。针对于红葡萄酒进行。

2 **检查醒酒器**

确认醒酒器是否干净，确认瓶中是否存在异味、是否沾有其他气味。

清洗

品酒过后，将酒杯中剩余的葡萄酒倒入醒酒器中，清洗醒酒器内部。清洗后，将葡萄酒倒回酒杯中。

确认酒香

将醒酒器瓶口靠近鼻尖，与在酒杯中的葡萄酒相比，确认酒香是否打开。如果此时的酒香得到进一步打开，侧证明这款葡萄酒适合进行醒酒。

专业技术

将酒瓶口伸入醒酒器瓶口内部，使葡萄酒如淋浴般倾泻。这样做可以使葡萄酒接触到更多的空气，有助于打开酒香。

倒入葡萄酒

右手握住葡萄酒酒瓶下方，左手握住醒酒器的瓶颈部位，在蜡烛上侧缓慢而轻柔地将葡萄酒倒入醒酒器之中。

完成

当酒瓶内剩有少量葡萄酒的时候，使酒液在酒瓶双肩部位画圆，并倒出酒液。这样做可以从酒瓶中倒出沉淀物，而且可以使葡萄酒的残余量达到最小。

如何解读葡萄酒

5

正确的持杯方法与旋转方法

你是否觉得饮用葡萄酒时的持杯方法有些装腔作势呢？其实，这样做是有理由的。

持杯方法

保持葡萄酒美味的持杯方法

在手持葡萄酒酒杯的时候，手指需握在酒杯下部的杯脚处。酒杯上之所以设计有细长的杯脚，就是为了防止持杯的时候手部温度导致葡萄酒温度发生变化。

经常可以看到有人将手掌包裹在酒杯碗状部位的下侧，这样端着酒杯会使葡萄酒的酒温升高。在正确的温度下饮用葡萄酒，才能够享受到葡萄酒最大限度的魅力。在杯脚部位的中下部，用拇指与其他2～3根手指捏住杯脚，即可稳稳地端住酒杯。

旋转方法

将葡萄酒投向酒杯内侧为旋转的要领

用惯用的一只手握住酒杯，使酒杯稍向外倾斜。

在品尝葡萄酒的时候，为使酒香散发开来，需要旋转酒杯。最初，在不掌握技巧的时候，葡萄酒总是在酒杯中剧烈地摇晃，甚至会有葡萄酒从酒杯中飞溅出来。看到其他人旋转酒杯时的优雅姿态，便会心生羡慕。

但是，只要掌握诀窍，旋转酒杯就会变得非常简单。参考照片中的动作，开始练习吧！

要点

在许多人共同饮用葡萄酒的场合下，向外侧旋转酒杯（即惯用右手者沿顺时针方向旋转酒杯，左手者反之），若有葡萄酒酒液飞溅出来则会对其他人产生困扰。因此，选择向内侧旋转（即逆时针方向旋转），葡萄酒酒液则会飞向自己一侧，不会为他人带来不便。

放置在桌面上的旋转方法

如果觉得手持酒杯的旋转方法难以掌握的话，可以选择将酒杯放置于桌面上进行旋转，这样相对简单一些。

2

3

4

开始旋转酒杯的要领在于：轻轻地将葡萄酒投向对面一侧的酒杯内壁。酒杯旋转起来之后，以手腕为支点，旋转酒杯，使酒液有节奏地沿酒杯内壁转动。

1

将酒杯放在桌面上，用拇指和其他2~3根手指捏住杯脚的最下端。

要点

在旋转酒杯的时候，也可以选择用食指与中指夹住杯脚，但这种情况下，酒杯容易发生倾斜，请多加注意。

轻轻地压住酒杯，在桌面上画圆即可。

如何解读葡萄酒

6

专业的酒杯清洗方法与擦拭技巧

葡萄酒酒杯杯脚极其纤细，不经意的触碰都会导致酒杯的破损。因此，如何清洗酒杯也是需要有一定技巧的。

干净的酒杯，是提升葡萄酒美味的决策者

高级的葡萄酒酒杯十分细薄。在清洗与擦拭的时候，因手法不同，有可能会出现酒杯破损的情况。下面将由里德尔公司的酒杯专家庄司大辅先生为大家介绍正确的葡萄酒酒杯清洗方法与擦拭技巧。

葡萄酒酒杯的清洗方法

清洗时的动作要柔和

1

手持台座，清洗杯脚与台座部分。用力捏握台座及碗部边缘，易导致酒杯破损。

2

用食指与中指夹住酒杯杯脚，手掌心握住碗部，清洗酒杯碗部。最容易变脏的杯口部分也最薄最容易破损，因此，需要使用海绵，轻轻地夹住杯口，轻柔地清洗。需选用柔软的海绵。

3

使用清水将洗涤剂冲刷干净后，暂且将酒杯杯口朝上放置。如果在清洗过后立即倒放，因重心偏上，易导致酒杯偏倒。由于自然风干会使酒杯上留下水滴的痕迹，因此需要使用抹布擦拭酒杯。

葡萄酒酒杯的擦拭方法

使用大块抹布双手擦拭

1
手持酒杯底座，擦拭底座部分。

2
擦拭杯脚部分。

3
用抹布夹住酒杯杯口，擦拭酒杯边缘部分。

4
捏住酒杯下端的杯脚，将另一块抹布塞入酒杯内侧。

5
来回旋转抹布块，擦拭酒杯内部。

6
轻抚酒杯外侧，擦拭酒杯碗部表面。

7

防止葡萄酒美味流失的保存方法

葡萄酒是鲜活的，因此需要保存得当。为保持葡萄酒的美味，在保存方法上需要我们费一番心思。

在购入葡萄酒之后、饮用之前的这段时间里，我们要如何保存葡萄酒呢？下面由东急百货店和洋酒专柜的高级酒保藤卷晓先生为我们介绍葡萄酒的保存方法。

保存方法会改变葡萄酒的品质吗？

藤卷：的确如此，葡萄酒的品质会因保管方法而发生变化。但是，只要不是十分炎热的季节，日常饮用的葡萄酒放置一个月左右的时间，品质是不会发生明显变化的，因此不必过多担心。

放在冰箱冷藏室里保存就万事大吉了吗？

藤卷：我并不推荐这种方法。一般情况下，普通葡萄酒的理想温度为12℃~15℃，温度变化幅度越小越好。而冰箱冷藏室内的温度约为3℃~4℃，对于葡萄酒来说，这个温度偏低。而且冰箱门的频繁开闭会引起温度变化。此外，冰箱在日常工作状态下会产生震动，这种震动会给葡萄酒带来不好的影响。

我认为将葡萄酒放在无阳光直射、不受暖气影响的厨房角落里即可。

当然，夏天的保存方法要另当别论。随着气温的增高，即使是买回来不久的葡萄酒，也会发生酒液外溢的状况。这是由于瓶内空气变暖膨胀，导致酒液受到挤压将瓶塞顶起，沿瓶塞与酒瓶间的缝隙溢出。这样一来，瓶塞就变成了葡萄酒与外界接触的通道。

如果将葡萄酒加热到80℃，味道与品质就会发生巨大的变化。当然，葡萄酒不会被加热到80℃，因此，在购买后的短时期内，葡萄酒的品质不会出现剧烈变化，立即饮用不会发生任何问题。如果不用心保管葡萄酒，在夏天的时候其成熟速度会加快，品质也会在不经意之间变差。

葡萄酒轻易不会出现胀瓶现象，但请将保存温度控制在25℃左右。如果出现胀瓶现象，请立即将葡萄酒放置于冰箱内保存。

存放在壁橱内是好的保管方法吗？

藤卷：在普通的日本家庭中，壁橱内部与地板下面，对于葡萄酒来说，都是不错的存放空间。存放在壁橱内部的被褥之间，阴冷而恒温，因此可以将葡萄酒用毛巾、报纸包裹好，插在被褥之间。将葡萄酒放置于发泡苯乙烯树脂箱、瓦楞纸箱等温度变化较小的容器中，也是不错的存放方法。

为何要避免阳光直射？

藤卷：有人说，阳光中具有能量，会使葡萄酒的分子发生震动，从而加速葡萄酒成熟。如果希望葡萄酒经过时间的洗礼，缓慢成熟，则需要避免阳光直射，否则阳光

将会加快葡萄酒的成熟速度，错过最佳饮用时期。这就是葡萄酒讨厌光线的理由。同样，透明的酒瓶会加剧这种变化。而且日光灯等其他光线与阳光相同，同样需要避免直射。

存放葡萄酒需要注意保持湿度吗？

藤卷：在适当的湿度下保存葡萄酒，对保持瓶塞的柔韧性具有十分重要的作用，75%的相对湿度为最佳状态。在过于干燥的环境下，木塞会因失去水分而变细，因此，葡萄酒需在湿度相对较高的环境下保存。卧放葡萄酒同样是为了给木塞提供水分、保持其柔韧性。对于螺旋盖等对湿度无特殊要求的葡萄酒来说，这些方法则不适用。

如何长期保存葡萄酒？

藤卷：想要长期保存葡萄酒并且不丧失美味，最好的办法就是使用葡萄酒酒柜保存。地窖型酒柜最为理想，但冰箱式酒柜中也有许多不错的产品，按照冷却方式，可分为压缩机型与珀尔帖制冷方式，以及将氩气气化等方式。

压缩机型制冷方式最为节省能源，而且冷却能力极高，即使频繁开闭酒柜门，也可以很快恢复酒柜内部温度。而氩气气化型冷却方式酒柜，在工作状态下不产生震动，但冷却能力相对较弱，开闭酒柜柜门后，内部温度恢复较慢，因此，适合用来很少开闭柜门的长期保存。

选购葡萄酒酒柜时应注意哪些问题？

藤卷：尽量选择很少发生事故且售后服务质量高的厂家。因为酒柜一旦发生故障，所保存的葡萄酒将会受到很大的影响。

在首次选购酒柜的时候，许多人偏向选择较小的酒柜，但我建议偏大的酒柜。许多顾客在购买了小酒柜之后，因积攒的葡萄酒不断增多，酒柜空间不足，从而需要重新购买酒柜。但如果首次选购大酒柜的话，开销将会减少，葡萄酒储存空间也会十分充裕，同时能够为葡萄酒提供一个很好的存放环境。

无论是葡萄酒的保存方法，还是选购酒柜，询问商店销售人员，听取最为专业的建议，才是享用美味葡萄酒的最佳途径。

葡萄酒酒柜

深受葡萄酒爱好者喜爱
产自瑞士的基本样式

可收纳120支葡萄酒。为节省空间，酒柜柜门采用推拉式设计。长期保鲜型酒柜，设有换气系统，酒柜内部空气可与外部流通，因此被称作为“会呼吸的酒柜”。

长期保鲜型酒柜 ST-401FGII

●规格宽750×深558×高1720mm●重量99Kg●价格未知

重现地下酒窖“珍藏”
长期保鲜型酒柜

可收纳葡萄酒70支。采用冷却能力出众的压缩机型制冷方式，将葡萄酒的温度变化控制在最小范围内。可从外界获取水分，维持酒柜内部的高湿度环境，是带有加湿循环系统的葡萄酒酒柜。

长期保鲜型酒柜 ST-SV270G

●规格宽606×深562×高1513mm●重量80Kg●价格未知

功能一应俱全的迷你新型酒柜

可收纳36支葡萄酒，适合放置于书房、起居室的迷你酒柜。酒柜柜门采用钢化玻璃制成，可以清晰地观察到酒柜中收藏的葡萄酒，该设计提高了酒柜的装饰性。同时，该酒柜还带有加湿循环系统。

长期保鲜型酒柜 ST-SV140G

●规格宽60×深591×高930mm●重量56Kg●价格未知

8

日趋流行的餐厅品酒

在西餐厅饮用葡萄酒，具有一种浪漫的色彩。在用餐之前品尝葡萄酒，优雅的姿态将提升你的魅力。

以确认葡萄酒品质为目的

在西餐厅用餐，通过酒瓶选择葡萄酒的时候，通常可以向餐厅服务人员提出品酒的要求。

餐厅品酒的目的在于确认是否是自己所点的葡萄酒，以及葡萄酒是否变质等。如果不是自己所点的葡萄酒，可以提出更换的要求。而且，在出现葡萄酒变质等明显问题的情况下，可以要求餐厅在同种葡萄酒间进行调换。

但是，如果因为不满意葡萄酒的味道等理由，则不能变更葡萄酒的种类。

在餐厅进行品酒的时候，可以看到葡萄酒酒瓶。通过葡萄酒标签可以确认该酒是否为自己所点的葡萄酒。注意不要忘记确认生产年份等事项。不同年份的葡萄酒味道不同，价值也有所差别，因此需要特别注意。

在确认标签之后，请酒保开瓶。开瓶后，检验木塞，确认是否有霉臭味产生。如果嗅到了霉臭味，那么葡萄酒本身发生变质的可能性极大。

为享受葡萄酒美味而必须进行的检验

葡萄酒注入酒杯之后，首先观察色泽。若是白色桌布，直接置放于桌布上即可，否则请放置在白色的餐巾上，确认酒液颜色是否清澈透亮、是否含有不纯物。

然后，不要转动酒杯，确认酒香。这时，需要检验酒中是否含有橡木塞的臭味。旋转酒杯，确认酒香中的果实滋味。将酒杯置于餐桌上旋转，是当前西餐厅中流行的转杯方式。

在鉴定味道的时候，将一小口葡萄酒含在口中，轻轻地吸入空气。在口中含入一茶匙左右的葡萄酒即可。含入过多的葡萄酒，在吸入空气的时候，葡萄酒将有可能从口中洒出。

在品尝味道的时候，需要检验葡萄酒是否变质，同时还需要确认葡萄酒的涩味、酸味以及温度。如果认为葡萄酒很美味，请直接将这种满意的心情传达给酒保。如果认为葡萄酒的温度过低或酸味过强，需要进行醒酒的时候，请直接向酒保提出要求。如果没有任何问题，便可以请酒保上酒。

在西餐厅进行的品酒方法

检验是否是自己所点的葡萄酒，确认是否变质

在检验葡萄酒色泽的时候，请在白色桌布或餐巾上进行，即可清晰地观察到酒液色泽。此时需要确认酒液色泽的浓郁与清透程度。

酒香的检验分为两个阶段。首先，在不旋转酒杯的状态下，确认是否含有橡木臭味。然后旋转酒杯，确认酒香中的果实滋味。

检验葡萄酒味道的时候，在口中含入一茶匙左右的葡萄酒。在确认葡萄酒是否变质的同时，还需要检验酒的酸味、涩味以及温度。

西班牙

使用本土葡萄品种酿制的葡萄酒受到了来自波尔多的熏陶

西班牙葡萄田的种植面积排名世界第一，葡萄酒生产量位居世界第三。种植的葡萄以西班牙本土固有品种居多，其品种数量多达200余种。

西班牙葡萄酒的酿造历史极其悠远，富有变化。腓尼基人将葡萄酒的酿造方法传到西班牙后，葡萄酒的酿造开始兴盛，有历史记载，西班牙的葡萄酒曾出口到罗马帝国。但是，在伊斯兰教统治下的西班牙于公元8世纪的时候，颁布了禁酒令，此后，西班牙葡萄酒的酿造工艺一度搁浅。直至15世纪末，伊斯兰势力被逐出西班牙后，葡萄酒的酿造才再度兴盛。

在19世纪后半期，来自美洲大陆的葡萄根瘤蚜，为法国乃至整个欧洲的葡萄带来了毁灭性的灾难，由于西班牙有比尔牛斯山脉的遮挡，有幸逃脱了这次灾难。因此，许多无酒可酿的酿酒师们，从波尔多迁移到了里奥哈北部地区。就这样，波尔多的酿酒工艺流传到了里奥哈地区，使这里的酿酒技术得到了大幅提高。

除里奥哈地区之外，东部的加泰罗尼亚、中部的拉曼查等地，都是西班牙的主要葡萄酒产地。

里奥哈是西班牙葡萄酒的生产中心，是传统的高级葡萄酒产地。里奥哈与其他产地相比，夏季凉爽，冬季温暖，因此以使用加尔纳恰与西班牙本土独有的添普兰尼洛等品种酿造葡萄酒为主，是西班牙长期陈酿类型红葡萄酒的中心产地。特别是近年来，添普兰尼洛葡萄酒的国际声誉持续增高，甚至可以与波尔多葡萄酒媲美。

杜罗河流域可谓是里奥哈地区的竞争对手。它位于里奥哈西南部，距离里奥哈只有100公里的路程，是西班牙屈指可数的著名红酒产地。这里海拔高度850米，夜间气候相对较低，因此这里出产的葡萄酒与里奥哈不同，具有醇厚的滋味，而且酸味尖锐，浓缩感极强。“贝加西西里亚酒庄优尼科葡萄酒”最为著名。该酒使用由添普兰尼洛改良而成的添德菲诺、添德拜兹酿造，添加了波尔多品种赤霞珠、梅洛以及马尔贝克。由于这款葡萄酒仅在收成极佳的年份酿造，所以被称作“西班牙梦幻葡萄酒”，是可以与波尔多一流酒庄相匹敌的高级名酒。

拉曼查产区葡萄酒以产量称霸于西班牙。这里出产的葡萄酒占据西班牙全部产量的三分之一。拉曼查产区位于西班牙中部，夏季为炎热的大陆性气候，主要种植西班牙特有白葡萄品种阿依仑。其种植面积为西班牙第一。但近年来，这种倾向发生了改变，该地区酿造的添普兰尼洛红葡萄酒开始增多。而且葡萄酒品质也开始从以伴餐用酒为中心逐渐转向为生产高品质葡萄酒。

除了这些普通类型的葡萄酒以外，在西班牙，不得不提的葡萄酒还包括起泡酒“卡瓦酒”与酒精加强型葡萄酒“雪利酒”。加泰罗尼亚地区的佩内德斯是卡瓦酒的著名产地，该地的酿酒方法与香槟地区相同。此外，地中海沿岸的安达卢西亚地区盛产雪利酒。尤其是赫雷斯、圣玛利亚与桑卢卡尔·德巴拉梅达三地构成的三角地带，以出产雪利酒而享有盛名。

西班牙葡萄酒拥有悠久的历史，但近年来开始了新的发展方向。在西班牙，普遍采用从其他国家或地区进口葡萄酿造葡萄酒的生产模式，但近来开始重视素材的选择，珍视本土田地。酿酒师们开始积极改良葡萄品种与酿酒技术，因而从年轻的酿酒师手中相继诞生了许多新型的葡萄酒。相信在这些新生力量的支持下，西班牙葡萄酒将发展得更远。

第4章

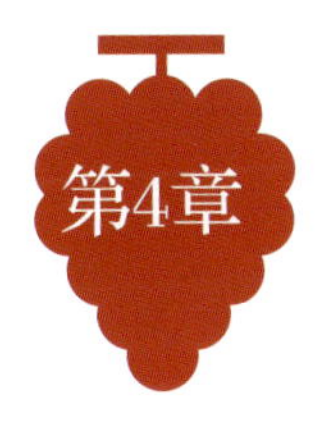

葡萄酒与乳酪的完美结合

奶酪界权威人士“村山重信”带你解读葡萄酒与乳酪的全新搭配

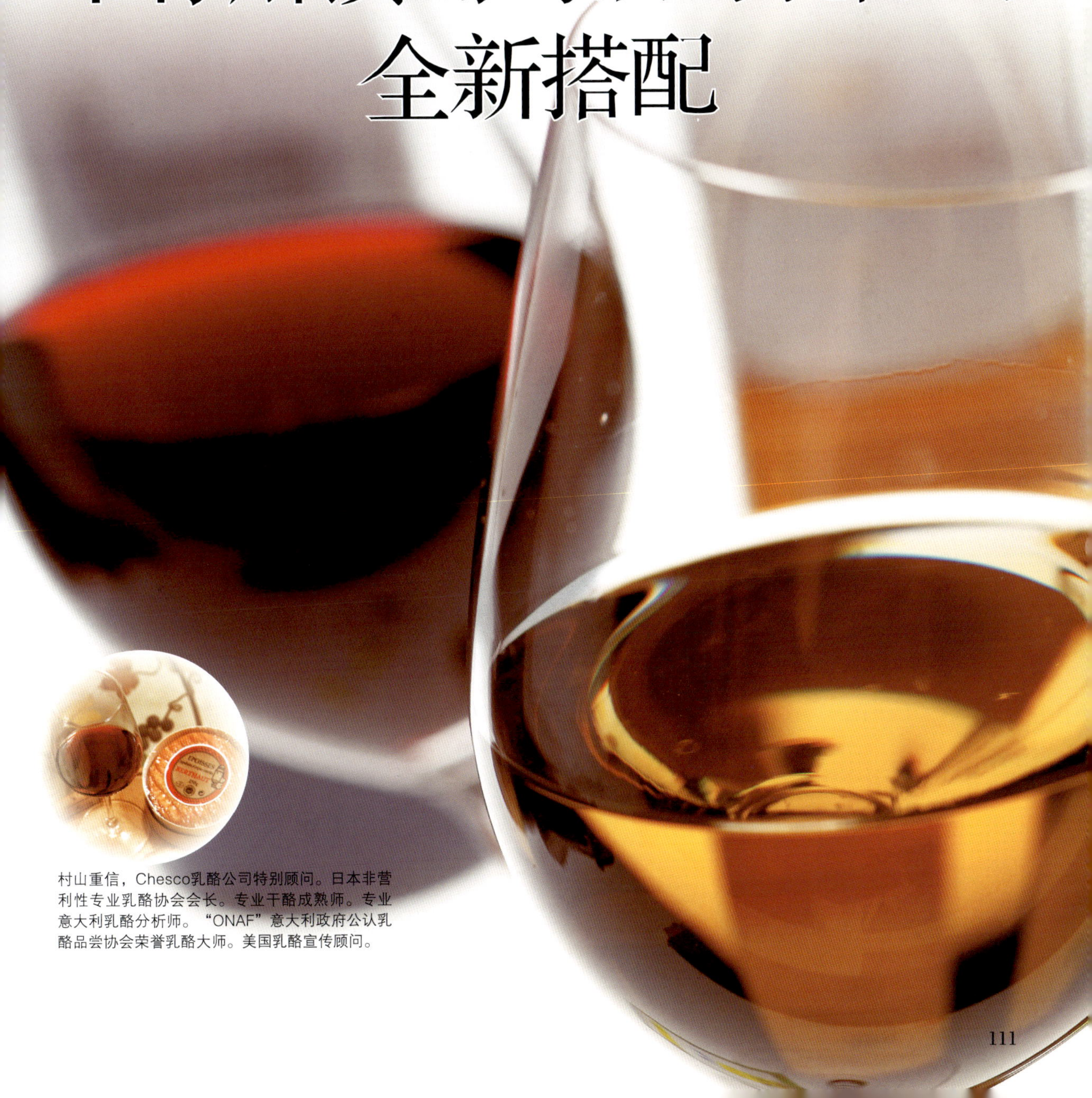

村山重信，Chesco乳酪公司特别顾问。日本非营利性专业乳酪协会会长。专业干酪成熟师。专业意大利乳酪分析师。“ONAF”意大利政府公认乳酪品尝协会荣誉乳酪大师。美国乳酪宣传顾问。

1 葡萄酒与乳酪结合的3大理由

葡萄酒为心灵传送营养，奶酪为身体提供能量

葡萄酒与乳酪的“结合”，绝妙地激发了两者的美味与特性。下面将为大家介绍葡萄酒与乳酪之间隐藏的共性。

1 葡萄酒与乳酪同起源于西亚

首先，乳酪与葡萄酒的发祥地相同，都起源于西亚，历史悠久，可追溯到公元前6000年以上。在公元前3000年左右的古埃及壁画上，描绘了当时葡萄种植与葡萄酒酿造的情况。在克里斯蒂安・贾克编著、吉村作治监修的小说中，描述了新王朝时代（公元前1300年前后）法老拉美西斯二世的生活，其中写有这样一段话：“在拉美西斯法老母亲的菜单中，包括有莴苣、黄瓜、剔掉骨头的牛肉、山羊奶乳酪、蜂蜜蛋糕、格雷派饼，以及掺水稀释的葡萄酒”。可见，葡萄酒与乳酪的搭配早在古埃及时代的生活中就得到了认可。

2 固体与液体间的转变——与原有形态相反的意外巧合

第二，对于为我们提供乳汁的动物们来说，草类是它们的食饵，而葡萄与草类相同，易受到气候、环境，尤其是土壤性质的影响。而且，葡萄酒是液体，乳酪是固体，它们的形态完全相反。但是，原为固体的葡萄经过时间的洗礼变成了作为液体的葡萄酒，而乳酪则恰恰相反，是由原为液体的牛奶变成的固体，这种与原有形态相反的转变，令人深感意外。而且，葡萄酒与乳酪在形态转变的过程中也有着极为重要的共通点，两者都经过了时间的洗礼，在气候环境、微生物以及人类智慧的共同作用下，逐渐成熟，成为了美味可口的葡萄酒与乳酪。

3 相互弥补促进身体健康的营养剂

第三，葡萄酒与乳酪可以相互弥补。不言而喻，葡萄酒是酒类的一种，而在日本，酒有“神酒”之称，也就是说，酒是供奉神灵的物品。在供品之中，寄托了与神灵融为一体的愿望。而且，乳酪能够为人类生存提供能量，是不可或缺的食粮。所以说，葡萄酒是心灵的营养，乳酪是身体的能量。

葡萄酒与乳酪两者相遇后，便结成了不可分割的组合。葡萄酒与乳酪相互扶持、相互弥补，一起食用，不仅可以激发各自的芳香醇美，还可以为我们的身体健康提供全面均衡的营养。所以说，葡萄酒与乳酪是一对绝美的组合。

别有一番风味的葡萄酒乳酪组合

酒体偏重的红葡萄酒适合与味道浓厚的乳酪搭配，果香四溢的红葡萄酒或白葡萄酒适合与味道相对清淡的乳酪搭配。口感甘甜的白葡萄酒则是蓝纹干酪的最佳拍档。

乳酪与葡萄酒的搭配组合不计其数

由产自同一地区的乳酪与葡萄酒组成的“同乡拍档”，是乳酪与葡萄酒搭配的基本组合。进一步而言，可以说“与白葡萄酒相比，红葡萄酒更适合与乳酪搭配”。但是，乳酪和葡萄酒的种类极多，味道也是多种多样，因此，一定能够找到与白葡萄酒相匹配的乳酪。如果要问乳酪与葡萄酒一共有多少种组合，恐怕这将是一个庞大的天文数字，所以需要仔细思考一下才能回答。

乳酪的鲜味与含盐量决定了与葡萄酒的匹配程度

了解葡萄酒与乳酪各自的特殊“味感”，是预测两者搭配是否理想的捷径。所谓味感，是指包括有舌头感受到的甜味、咸味、酸味、苦味、鲜味五大味觉，辛辣感、刺激感（火烧或针扎等刺痛感）等与“疼痛”相通的皮肤触感，以及涩味等导致皮肤收敛（收缩）的感觉，此外，温度也是重要因素之一。

通常情况下，乳酪所持有的味道中，鲜味与咸味达到了平衡。乳酪中几乎不含有糖分，在除去水分之后，乳脂肪与蛋白质成为了主要成分。但其中也存在糖类物质。随着成熟，乳脂肪为乳酪增添了独有的香气，赋予了它奶油般的醇厚味道。蛋白质则在成熟过程中变化成氨基酸，其中，谷氨酸是提升乳酪鲜味的主要成分。乳酪本身原为酸性，但表皮成熟（尤其是白霉乳酪）类型的乳酪，在不断接近成熟的过程中，蛋白质完全变成了碱性，因此一些乳酪中会带有少量氨臭味。

在熟成期间不断用盐水或酒擦洗表面的洗浸乳酪，香味醇厚，在英语中以“earthy（即大地的味道）”一词形容，说明这种乳酪的香气可以唤起人类的本能。

葡萄酒的芳香与精华成分的完美平衡

葡萄酒的美味，是由其独有的高级酒精芳香与来自于葡萄的精华成分构成的。水分与酒精是葡萄酒的主要成分，但随着成熟，葡萄中的芳香酝酿出了可以治愈心灵的醇类芳香。白葡萄酒的甜味与酸味达到平衡，红葡萄酒则以苦味、涩味与微量的甜味为特点。在成熟过程中，这两大类葡萄酒逐渐出现了温和的风味，从而最终达到了美味的巅峰。

以上述的特点为依据，去验证葡萄酒与乳酪组合为你带来的独一无二的美味秘密吧！

羊乳型乳酪

搭配酸味极强的白葡萄酒

未完全成熟的羊乳乳酪，质地柔软，酸味极强。葡萄酒中酸味极强的白葡萄酒，可以中和羊乳中特有的羊膻味。而完全成熟的固体乳酪口感如同不含糖分的白巧克力。酸味极强的白葡萄酒可以激发出乳酪的滋味，同时，葡萄酒滑过喉咙的感觉会变得粗糙。此外，羊乳乳酪也可以与酒体中等偏重的红葡萄酒搭配。羊乳独有的小脂肪颗粒，可以包裹住红葡萄酒的苦味与涩味，提升两者的风味，使我们享受到下咽时的柔滑与绵长的余味。

表皮成熟型乳酪

选择熟成程度相符的葡萄酒

与表皮成熟型乳酪相搭配，需要根据熟成度选择葡萄酒。未完全成熟的白霉乳酪散发着蘑菇的香气，但在中心偏硬的部分却可以感受到酸味。因此，可以选择轻酒体的红葡萄酒，或者是带有木桶香气、酸味稳定的莎当妮白葡萄酒。成熟度中等的乳酪，可以选择与酒体中等的红葡萄酒搭配，两者的味道将达到平衡、产生共鸣。完全成熟且中心部位柔滑的乳酪，表皮逐渐碱性化，因此会释放出氨臭味。此时选择酸性葡萄酒，则可以中和乳酪的氨臭味。此外，选择完全成熟的洗浸乳酪也会收到同样的效果。

青霉型乳酪

冷藏后适合与极甘甜的葡萄酒搭配

蓝纹乳酪在室温状态下，咸味沉稳，可以感受到柔滑感与浓郁的咸味。冷藏后的乳酪适合与极甘甜的葡萄酒搭配，而对于室温状态下的蓝纹乳酪，则可以选择酒体偏重的红葡萄酒，或者酸味柔和且具有醇度的白葡萄酒。乳酪中的咸味使葡萄酒的尖锐味感柔和化，赋予葡萄酒柔滑性与黏稠度，起到了甘油般的功效。意大利作家卡萨诺瓦曾以这样的语言描述葡萄酒与乳酪的结缘，“洛克福乳酪与香贝坦红酒这一绝妙的搭配，可以复苏正在消失的爱情，可以使萌芽状态的恋情迅速开花结果。”

半干型、干型乳酪

可柔化乳酪坚硬感的白葡萄酒

半干型、干型乳酪质地偏硬，但整体滋味柔和，咸味沉稳厚重。可以与任何一款葡萄酒搭配组合。其中与白葡萄酒搭配最佳。白葡萄酒的酸味可以柔化乳酪的坚硬感，同时可以激发出葡萄酒本身的鲜味。对于味道的喜好因人而异，但如果掌握了这些特点，相信你一定能够很快找到最为符合自己口味的葡萄酒乳酪组合。

3 适合乳酪高级者饮用的葡萄酒

乳酪的成熟度与含盐量是搭配葡萄酒的要点

在下页图中，找到与目标乳酪相对应的位置，就可以大概了解到该乳酪与何种类型的葡萄酒最相匹配。若是通过葡萄酒选择与之相配的乳酪，该图同样可以成为甄选乳酪类型的判断标准。下页图中，以图表的形式表现出了乳酪风味的三大特征。各类型乳酪相对应的图形面积大小即为该类型乳酪的种类多少。

乳酪与乳酪搭配，创造独一无二的滋味

在日常生活中，经常会遇到图表之外的乳酪。如果家中的乳酪超过了保质期该怎么办？根据笔者的经验，如果羊乳乳酪或者半干型、干型乳酪生长了青霉，是完全不必担心的（将长有杂霉的部分削掉即可）。反而可以利用青霉，制作出美味的蓝纹乳酪。如意大利产的塔雷吉欧洗浸乳酪、法国产的拉吉约勒切达乳酪，这些乳酪的裂缝中经常生长有青霉，这便是很好的例子。对于这些生有青霉的乳酪，按照该类别下风味最为浓厚的乳酪选择葡萄酒即可。

在考虑了诸多因素之后，根据葡萄酒选择乳酪的方法才具有实际操作性。暂且先不考虑一个人饮用数款葡萄酒的情况，通常是几个人同饮一瓶葡萄酒。这时候，我们可以根据葡萄酒创造一种独有的乳酪滋味。也就是说，使用不同种类的乳酪进行搭配。比如觉得卡门培尔乳酪的滋味不够浓厚，我们可以添加一些蓝纹乳酪，相反，若是觉得蓝纹乳酪的滋味过强，同样可以添加一些卡门培尔乳酪。奶油干酪与无盐黄油也发挥着同样的作用。食盐、白胡椒、茴香子等与葡萄酒搭配，也会带来另一番风味。这些情况下，相信下页的图表一定能够为你提供许多建议。

不同类型的乳酪与酒类的结合

横轴数值越大，表示乳酪的风味浓度越强。通常情况下，乳酪的香味、鲜味、浓郁度与熟成期间呈正比例增长。在日本国内销售的、未超过保质期限的乳酪，浓郁度几乎都在6以下。

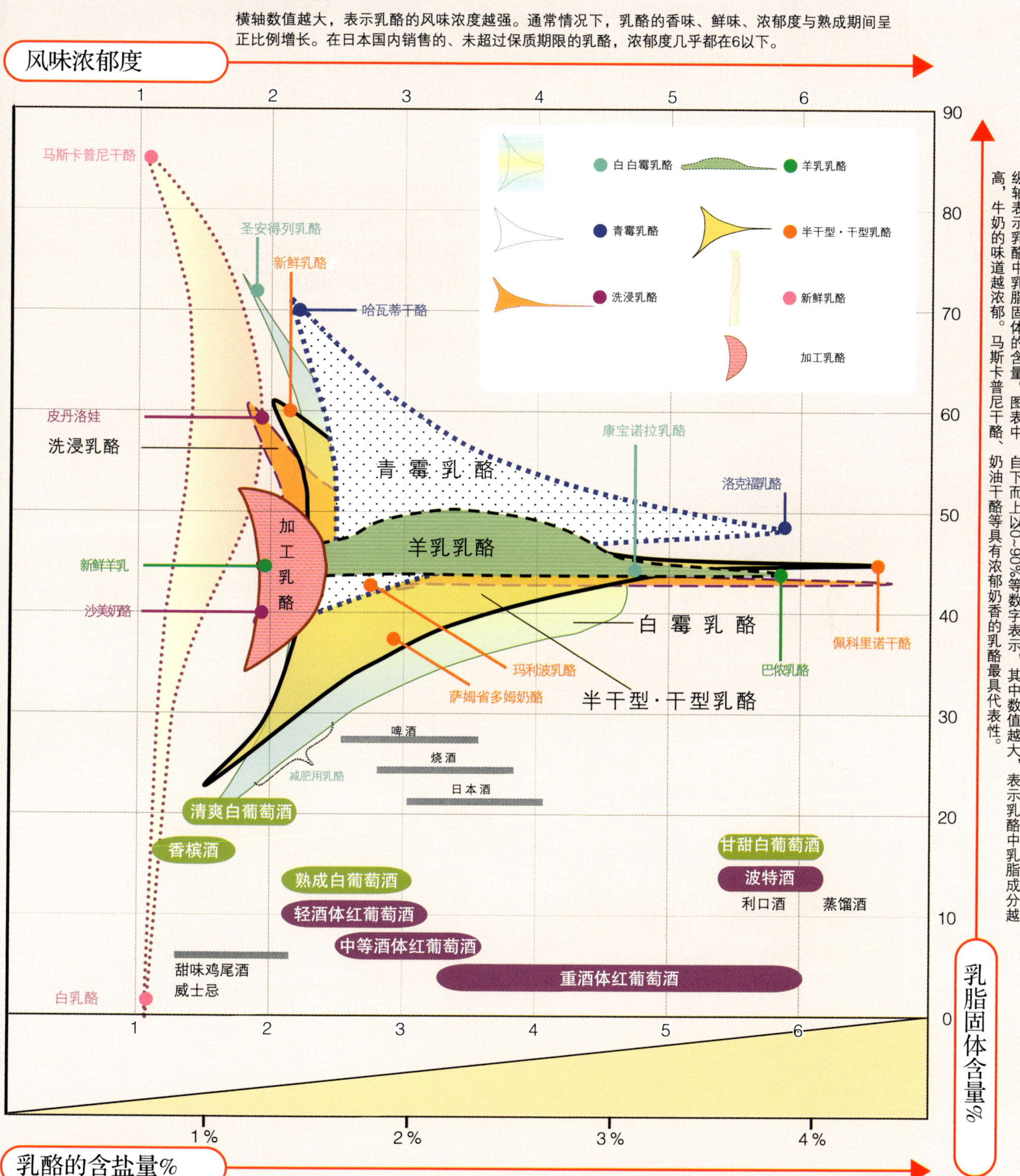

乳酪中的含盐量对葡萄酒的影响力最大。了解乳酪含盐量的估算数字非常容易。可以直接拿来吃的乳酪含盐量约在1.0%上下，奶油干酪与大部分国产的卡门培尔乳酪大概在这个程度。一般情况下，含盐量在1.5%上下的乳酪，食用起来非常舒适。如半干型乳酪玛利波乳酪与戈答乳酪，以及加工乳酪等含盐量都在这个程度上。与面包一起搭配食用的乳酪含盐量一般在1.8%左右，完全成熟的AOP（AOC）卡门培尔乳酪、戈尔贡佐拉乳酪等清淡的蓝纹乳酪都在这个程度上。而在入口的一瞬间感觉到咸的乳酪，其含盐量一般在3%以上。请看图中青霉乳酪范围内的洛克福乳酪的标记，视线垂直向下移动，相对应的黄色部分（即含盐量%）中显示为4%，通过这个数值我们便可以了解到洛克福乳酪的含盐量。

3 乳酪界权威人士村山重信大力推荐

最具代表性的葡萄酒乳酪搭配组合

如果你想提升葡萄酒的美味，那么请与乳酪搭配。许多人在尝试了以后，都认为葡萄酒与乳酪是一对绝美的伴侣。葡萄酒与乳酪有许多搭配方法，下面的这些组合方式，是乳酪界权威人士村山重信的推荐组合，有传统欧洲葡萄酒与乳酪结成的伴侣，也有美国葡萄酒与乳酪的搭配组合，希望大家能够喜欢。

洗浸乳酪与葡萄酒的组合

塔雷吉欧软乳酪

酒体丰盈、单宁柔润的葡萄酒与奶香柔和的塔雷吉欧搭配，可谓是出类拔萃的组合。

阿尔巴・巴贝拉葡萄酒

每一串葡萄酒都是人工摘取，在严格的温度管理下酿制，并在法式栎木桶中熟成18个月。这款葡萄酒以新鲜的果实滋味与圆润的口感为特征。是意大利的法定产区葡萄酒。

资料

制造者：卡西纳・佐科雷奥酒园
原产地：意大利・皮埃蒙特
净含量：750ml
酒精浓度：14°
味道：偏重
价格：3,150日元

曼斯特奶酪

具有独特的臭味，但吃起来会让人上瘾。而且只有琼瑶浆的华丽滋味才不会输给曼斯特奶酪的独特风味，荔枝的香气、甘甜与苦味，是不能错过的绝妙搭配。

琼瑶浆葡萄酒

拜尔葡萄酒世家创业于1867年，一直以真诚的姿态进行着葡萄酒的酿造。以使用琼瑶浆为主，生产着风味独特的白葡萄酒。这款葡萄酒的酒香之中，充斥着玫瑰与荔枝的滋味，同时又可以享受到独特的辛辣风味。

资料

制造者：里昂拜尔酒园
原产地：法国・阿尔萨斯
净含量：750ml
酒精浓度：13.8°
味道：偏辣
价格：3,150日元

白霉乳酪与葡萄酒的组合

诺曼底地区卡门培尔乳酪

产自波尔多的赤霞珠葡萄酒与梅洛葡萄酒，涩味柔和，口感甘甜，与卡门培尔乳酪的味道最匹配。在诺曼底当地达到半成熟状态、在巴黎完全成熟的乳酪最受欢迎。

高慕烈堡红葡萄酒 2004

使用相同比例的赤霞珠与梅洛酿制而成。在栎木桶中经过了12个月的熟成期。酒香中含有黑醋栗、樱桃、树莓等果香。单宁成分柔和，以圆润的口感为特征。

资料

制造者：伯纳德・马格利兹
原产地：法国・波尔多
净含量：750ml
酒精浓度：13°
味道：中等
价格：2,650日元

法国布里白乳酪

乳脂肪浓度高达60%，属于高脂肪浓度的乳酪，奶香浓郁，入口即溶。阿尔萨斯的起泡葡萄酒味道优雅高贵，适合与奶香浓郁的布里白乳酪搭配。

阿尔萨斯起泡酒

里昂拜尔酒园是阿尔萨斯地区三大著名酒庄之一。这款起泡葡萄酒以香槟方式酿制而成，酒香高贵优雅，散发着浓郁的花香，滋味清爽畅快，极富魅力。

资料

制造者：里昂拜尔酒园
原产地：法国・阿尔萨斯
净含量：750ml
酒精浓度：12.2°
味道：中等
价格：3,150日元

莫城布里干酪

表皮沾有白霉，自表皮内侧至中心位置，乳酪完全成熟，奶香浓郁，与黑皮诺等口感如天鹅绒般柔滑的红葡萄酒搭配最佳。

勃艮第黑皮诺葡萄酒2007

在竞争激烈的勃艮第葡萄酒世界中，洛比托酒庄于1848年起成为著名酒园，一直酿造着高品质的葡萄酒。这款黑皮诺葡萄酒充分展示了勃艮第地区葡萄酒的魅力，口感如天鹅绒般柔滑。

资料

制造者：洛比托酒庄
原产地：法国・勃艮第
净含量：750ml
酒精浓度：12.5°
味道：中等
价格：2,650日元

青霉乳酪与葡萄酒的组合

昂贝尔蓝纹乳酪

咸味沉稳而成熟，奶香浓郁，具有青霉乳酪独有的尖锐感。富含黑醋栗、树莓等果实滋味，单宁的涩味青涩，这样的美味葡萄酒才能够成为“高贵青霉乳酪”的完美拍档。

添百利酒庄名品红葡萄酒

波尔多著名酒庄、吉劳德家族经过三代人努力酿造而成的极品红葡萄酒。果实经过严格筛选，并在栎木桶中熟成。成熟的果实芳香与舒适的单宁，令人回味无穷。

资料

制造者：罗伯特·吉劳德
原产地：法国·波尔多
净含量：750ml
酒精浓度：12.5°
味道：中等
价格：3,150日元

奥佛涅蓝纹乳酪

在蓝纹乳酪当中，奥弗涅蓝纹乳酪奶香浓郁，带有柔和的辛辣感与咸味，是不可多得的优质乳酪。经过长达4个月的熟成期，奥弗涅乳酪口感圆润，适合与甘甜的葡萄酒搭配。

莱罗西耶酒庄白葡萄酒2006

吉劳德从经营葡萄园起步逐渐发展为葡萄酒销售商。平均树龄高达45年的塞米雍葡萄使用量为60%，其中40%为密斯卡得葡萄。口感甘甜，芳香馥郁，果香四溢。

资料

制造者：罗伯特·吉劳德
原产地：法国·蒙巴齐亚克
净含量：750ml
酒精浓度：13.5°
味道：偏甜
价格：2,625日元

洛克福乳酪

使用羊乳制作而成的洛克福蓝纹乳酪，在辛辣与极强的咸味内部包含有鲜味。这种鲜味与完全成熟的阿里高特葡萄酒相遇，则可以完美地激发出各自特性。可以说这个组合是个全新的发现。

勃艮第阿里高特葡萄酒

阿里高特葡萄酒果香浓郁，具有深邃的滋味。可以与口感稍重的菜肴搭配饮用。单独饮用，也可以充分享受到酒中美味。

资料

制造者：奥利弗·盖约特
原产地：法国·勃艮第
净含量：750ml
酒精浓度：12.5°
味道：中等
价格：3,150日元

羊乳乳酪与葡萄酒的组合

波利尼圣皮耶乳酪

在晚秋时节完全成熟的波利尼圣皮耶乳酪，质地紧密，滋味浓厚。建议与冷藏后风味极佳的薄若莱新酒搭配。

薄若莱新酒

索林公司的中心设在薄若莱地区，这里90%以上的AOC葡萄酒都是由索林公司生产。该公司葡萄酒销售量问鼎法国第一。该葡萄酒酒瓶采用轻质量的聚乙烯制成，并且使用了螺旋盖设计。

资料

制造者：索林公司
原产地：法国·薄若莱
净含量：750ml
酒精浓度：12.5°
味道：偏轻
价格：2,079日元

圣摩尔山羊奶酪

圣摩尔山羊奶酪质地细腻而柔滑，醇度与酸味达到了最佳平衡点。产自同一地区的希侬红葡萄酒，口感细腻，单宁柔和，如白巧克力一般，入口即溶。相比之下，与白葡萄酒搭配则稍显逊色。

阿尔多尼耶酒庄希侬红葡萄酒

希侬红葡萄酒以清淡的口感、舒适的酸味为特征，是卢瓦尔地区最为著名的红葡萄酒。酒体偏轻，滋味清淡，是可以轻松享用的葡萄酒。

资料

制造者：阿尔多尼耶酒庄
原产地：法国·卢瓦尔
净含量：750ml
酒精浓度：12.5°
味道：偏轻
价格：2,100日元

半干型·干型乳酪与葡萄酒的组合

帕达诺干酪

帕达诺干酪鲜味纯正，粗糙的结晶颗粒含量较少。可以与起泡葡萄酒搭配，但与经典基昂蒂葡萄酒搭配也是一种不错的尝试。

经典基昂蒂葡萄酒

在基昂蒂地区的中心区域，坎波马吉奥酒庄经营着一块面积约有40公顷的葡萄园。这款葡萄酒具有浓缩感极强的果实滋味，酒体偏重，却又不失柔滑的口感，可谓是上乘之作。

资料

制造者：坎波马吉奥酒庄
原产地：意大利·托斯卡纳
净含量：750ml
酒精浓度：12.5°
味道：偏重
价格：2,625日元

萨瓦地区淡味乳酪

奶香浓郁而醇厚的淡味乳酪，与品质上乘、富有醇度的葡萄酒搭配最佳。这种组合不仅可以提升乳酪的醇度，而且可以享受到入口即溶的美味。

特级珍藏赤霞珠葡萄酒2007

木兰笛酒庄创设于1996年，在世界葡萄酒比赛中多次获奖。经过严格筛选的葡萄酿成葡萄酒后，在木桶中经历了14个月熟成期。酒香如莓类果酱般浓郁醇厚，并带有烟熏的独特风味。

资料

制造者：木兰笛酒庄
原产地：智利·玛伊波谷
净含量：750ml
酒精浓度：14°
味道：偏重
价格：2,650日元

曼彻格乳酪

口感具有弹性，甘甜而新鲜的乳酪，需要搭配力道强劲的珍藏葡萄酒。酒中的单宁可以提升乳酪的鲜味与醇度，是适合于伴餐享受的美味组合。

拉古尼利亚珍藏葡萄酒

以添普兰尼洛为主酿造而成的葡萄酒，需在大桶中经过36个月熟成期，是口感圆润的重酒体。平衡感极佳，余味绵长而舒适。

资料

制造者：拉古尼利亚酒庄
原产地：西班牙·里奥哈
净含量：750ml
酒精浓度：13.5°
味道：偏重
价格：2,940日元

格律耶尔干酪

奶香浓郁而甘甜，柔和的酸味之中散发着板栗的香气，同时，木桶醇香与洋梨风味很好地融合在一起，口感如同经过调味的黄油，品尝后回味无穷。

夏布利佳酿葡萄酒

每年仅生产550桶的珍贵白葡萄酒。使用手工采摘的葡萄酿制而成，并在栎木桶中熟成，余味更具有力道和满足感。

资料

制造者：比洛·西蒙酒庄
原产地：法国·夏布利
净含量：750ml
酒精浓度：12.5°
味道：辛辣
价格：4,200日元

德国

葡萄种植界限的最北端 世界上为数不多的白葡萄酒生产国

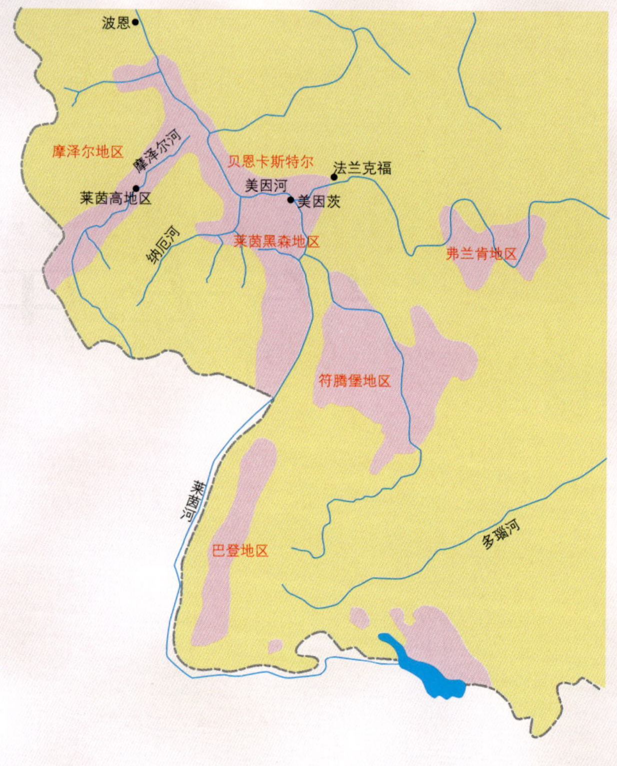

德国位于北纬50°左右，与库页岛在同一高度上，是种植酿酒用葡萄的最北端。当地的葡萄种植环境相当恶劣，但在葡萄种植专家们的不懈努力之下，诞生了许多高品质的葡萄酒。这里主要种植有雷司令、穆勒·图尔高、柯内尔等可以在严峻自然条件下生长的葡萄品种。在种植者的努力下，葡萄受到了尽可能多的日光照射，从而提升了德国葡萄酒的品质。

与南欧相比，德国的气温相对较低，因此，收获的葡萄以含糖量低、富含多种果酸为特征。所以，德国以生产酒精浓度偏低、酒体偏轻、易于饮用的葡萄酒为主流。德国葡萄酒的甜味与酸味达到了绝妙平衡，芳香馥郁，果香四溢。而且德国葡萄酒富含苹果酸等新鲜酸味，优雅脱俗。另外，德国生产的白葡萄酒居多，占总产量的60%，这也是德国葡萄酒的一大特征。

德国共有13块指定葡萄酒生产区域。其中，最为著名的产地包括莱茵高、摩泽尔、莱茵黑森、弗兰肯、法尔兹等地。

莱茵高地区自美因河河畔的霍赫海姆开始，一直延续至莱茵河中游。在这片区域内出产有多款世界级名酒，是德国葡萄酒的著名酿造地。雷司令的种植比例极高，主要生产白葡萄酒，这里所产的白葡萄酒果香丰盈，果酸与糖分之间的平衡感极佳。与其他地区不同，莱茵高地区的葡萄酒以稍偏辛辣的口感为特征。约翰山产区的“约翰山堡葡萄酒”、哈滕海姆产区的“史坦贝克园葡萄酒”等，都是产自莱茵高地区的名酒。

摩泽尔地区是指摩泽尔河流域及其支流萨尔河与鲁沃河的沿岸地区。在由石棉瓦状的泥板岩风化而成的土壤中生长的雷司令，孕育了芳香馥郁、独具风味的高品质葡萄酒。虽然属于同一地区，但位于摩泽尔中游流域的贝恩卡斯特尔产区以“贝恩卡斯特尔医生葡萄酒”为代表，盛产酒香浓郁的白葡萄酒，而位于上游地区的维尔廷根产区则以生产“撒次霍夫堡”等清爽且果香四溢的辛辣白葡萄酒为主。这片区域内，不同产区之间的葡萄酒个性鲜明。

莱茵黑森位于莱茵河南岸，与莱茵高隔河相望。这里是德国葡萄酒的最大生产地，产量占据全国的四分之一。主要种植有穆勒图尔高与西万尼，以生产味道轻盈柔和的甘甜葡萄酒为主。其中被誉为“圣母之乳”的“莱茵白葡萄酒”最为著名，以柔和、芳香醇厚的滋味为特点，受到了广大葡萄酒爱好者的喜爱。

弗兰肯地区在莱茵河东侧，位于其支流美因河河畔。主要种植有穆勒图尔高与西万尼。由于酿造的葡萄酒中几乎不含有糖分，所以酒精浓度偏高，具有能量感，以出产辛辣口感的白葡萄酒为主。此外，葡萄酒酒瓶的扁圆形设计为弗兰肯地区专有，是该地区的一大特征。该设计是为纪念曾使用山羊膀胱装运葡萄酒的历史，现今仅限于QbA等级以上葡萄酒使用。

法尔茨位于莱茵黑森的南部，与莱茵黑森并列，同为德国的最大葡萄酒产地。该地区生产的葡萄酒中，白葡萄酒占据8成以上，从易于饮用的普通餐酒到逐粒精选葡萄酒，这里酿造有各种不同类型的葡萄酒。

说起德国葡萄酒，便不得不提起冰葡萄酒。这类葡萄酒是选用在冰冻状态下采摘成熟的葡萄果实，直接压榨酿造而成的。由于冰葡萄酒对气候条件要求极高，只有在满足零下8℃左右的气温持续6~8个小时的情况下才能成功，因此在数年之间才能酿制一次的冰葡萄酒十分珍贵。另外，被评选为世界三大贵腐酒之一的枯葡精选葡萄酒，是以干枯状态下、含糖量极高的贵腐葡萄酿制而成的。在莱茵河地区与摩泽尔地区主要采用雷司令酿造。

选择适合葡萄品种的酒杯

品味不同品种滋味的专用酒杯

莎当妮
白苏维翁
雷司令
塞米雍
白诗南
麝香葡萄
赤霞珠
梅洛
黑皮诺
圣祖维斯
纳比奥罗
歌海娜
西拉
添普兰尼洛

激发葡萄酒美味的葡萄酒酒杯

不同的葡萄酒，需要选用不同的酒杯。果实滋味、酸味、酒精浓度等因素决定了葡萄酒的个性。一款合适的酒杯，可以将葡萄酒的个性发挥得淋漓尽致。但如果选错酒杯，葡萄酒的个性也将遭到破坏。针对同一款葡萄酒，选用不同大小、不同形状的酒杯品尝，在比较之中，就会明白酒杯对葡萄酒产生的影响。

下面为大家介绍的是里德尔葡萄酒酒杯。不同葡萄品种所用的酒杯在大小与形状方面不尽相同。这是因为酒杯可以平衡葡萄酒四要素之间的关系，得以更好地发挥出葡萄酒的个性。

我们的舌头以不同的区域感触甜味、酸味、苦味等味道。为更好地体会到葡萄酒所要展示出的味道，我们需要将葡萄酒引导到相应的味觉区域内，以达到最大限度地激发出葡萄酒个性的目的。

另外，酒香中的不同气味，因密度、重量的不同，在酒杯中形成了分层。晃动酒杯，会导致分层混乱，但酒香中的各种气味不会相互融合。因此，不同大小、不同形状的酒杯，可以激发出不同的酒香。而里德尔酒杯，就是以激活葡萄酒特性为目的设计的。

享用葡萄酒，就要了解各自的特点，一款合适的酒杯，可以将葡萄酒的魅力最大化，从而为享用葡萄酒增添乐趣。

莎当妮 Chardonnay

阿马德奥型酒杯1756/9S129

容量 320 毫升 高 96 毫米 售价 10,500日元（两只装）

宫廷特级莎当妮型机制精制水晶杯 4444/97

容量 670毫升 高227毫米 售价 4,725日元

侍酒师御用夏布利型手工精制水晶高脚酒杯4400/0

容量 350毫升 高216毫米 售价 14,700日元

正统的酒杯形状为『夏布利』型，这种酒杯设计，能够切实捕捉稍显收敛的柑橘类果实滋味，并可以调整丰盈的酸味与偏硬的矿物质感之间的平衡感。另外，针对进行了苹果酸—乳酸发酵的新世界葡萄酒，以及成熟的莎当妮葡萄酒，设计成杯口直径偏大的『蒙哈榭』型。使用这种形状的酒杯饮用葡萄酒，酒液流入口中的幅度较宽，能够与舌头充分接触，有助于展现酒中果实滋味的分量感与余味的柔和绵长之间极佳的平衡感。

白葡萄酒酒杯

莎当妮

白苏维翁

雷司令

塞米雍

白诗南

麝香葡萄

白苏维翁 Sauvignon Blanc

侍酒师黑领结系列白苏维翁型手工水晶杯 4100/33

容量 350毫升 高 244毫米 售价 18,900日元

宫廷特级雷司令型机制精制水晶杯 4444/5

容量 460毫升 高 240毫米 售价 4,200日元

正统的酒杯形状，有助于体会葡萄酒中结实的矿物之感，并可以感受到从绿色到黄色的柑橘类果香。菱形的酒杯设计，可以在酒杯之中将西番莲等表现力极强的热带水果果香完全展现出来。无论哪种形状，都可以使葡萄酒直接流到舌尖，调整酸味与果实滋味之间的平衡。

雷司令 Riesling

里德尔O系列雷司令型平底玻璃杯 414/15

容量 375毫升 高 108毫米 售价3,675日元（两只装）

珍藏系列雷司令型机制精制玻璃杯 6448/15

容量 380毫升 高 221毫米 售价2,100日元

从辛辣到甘甜，雷司令可以酿造出各种类型的葡萄酒，但每一种雷司令葡萄酒的果实滋味都很丰满且具有分量感，并且有着丰富的酸味与突然紧缩的矿物质感，因此，酒杯的形状一定要体现出这些要素之间的平衡感。这是衡量酒杯是否适合葡萄酒的标准。对于雷司令葡萄酒来说，最大直径位于下部的酒杯可以展现出其个性。

酒神系列雷司令型机制精制水晶杯 6404/15

容量 350毫升 高 235毫米 售价5,250日元

塞米雍 Chardonnay

动感系列塞米雍型精制玻璃杯407/5

容量 360毫升 高 222毫米 售价 2,625日元

塞米雍这个葡萄品种，具有极强的个性，可以酿造富有个性的白葡萄酒与贵腐酒。在品尝葡萄酒的时候，如果使用形状过窄的酒杯，则会感觉酒中甘甜与涩味过于突出。照片中的酒杯，其碗状部位，与「雷司令」相比，矮1厘米。这种椭圆形的酒杯，在切掉杯口部分之后，杯口直径将变大，大小直径之间的落差也会变得平缓。

珍藏系列塞米雍型精制玻璃杯 6448/5

容量 370毫升 高 210 毫米 售价 2,100日元

白诗南 Chenin Blanc

宫廷系列白诗南型机制精制水晶杯 6414/33

容量 350毫升 高 214毫米 售价3,465日元

白诗南 Chenin Blanc

酒仙系列白诗南型机制精制水晶杯 403/15

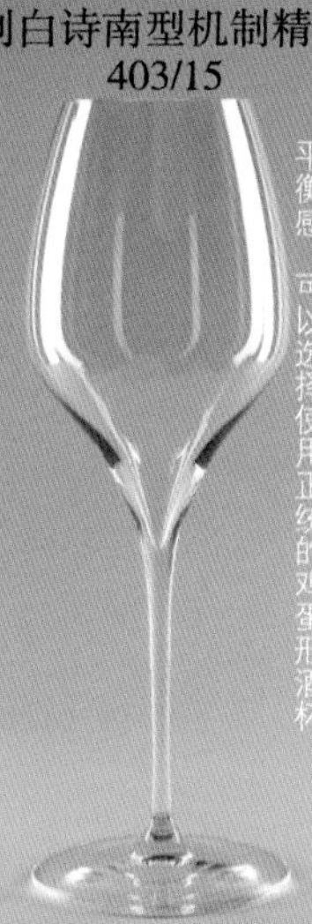

容量 490毫升 高260毫米 售价6,300日元

卢瓦尔地区所产的辛辣类型与甘甜类型的白诗南葡萄酒颇受欢迎。为了享受白诗南葡萄酒中的酸味与芳香性，可以选择使用菱形酒杯饮用，这个形状的酒杯可以激发出酒中桃子的风味。若为了享受整体平衡感，可以选择使用正统的鸡蛋形酒杯。

麝香葡萄 Muscat

宫廷系列机制精制水晶杯 6416/5

容量350毫升 高198毫米 售价2,625日元

麝香葡萄是芳香性极高的葡萄品种，因此不适宜选用形状过于狭窄的酒杯。无论葡萄酒是甘甜还是辛辣，果实滋味与酸味适度的整体印象最佳。

蒂罗尔系列机制精制水晶杯 405/5

容量370毫升 高126毫米 售价3,150日元

红葡萄酒酒杯

赤霞珠
梅洛
黑皮诺
圣祖维斯
纳比奥罗
歌海娜
西拉
添普兰尼洛

赤霞珠 Cabernet Sauvignon

侍酒师御用赤霞珠型手工精制高脚酒杯4400/00

容量860毫升 高270毫米 售价21,000日元

赤霞珠葡萄酒的果香如同黑色系水果利口酒一般浓郁，同时具有木桶、香辛料的香气，以及薄荷的清凉感。品质上乘的赤霞珠葡萄酒酒香复杂，因此选用宽窄落差平缓的大号酒杯最为合适。形状过窄的酒杯，将只能凸显出酒香中的甘甜。葡萄酒被倒入到舌头的中心部位，以适当的宽度缓慢流淌。可以清晰地体会到果实滋味、单宁与酸味三者之间的平衡感，享受到赤霞珠葡萄酒的美味。

里德尔O系列赤霞珠型平底玻璃杯414/0

容量600毫升 高121毫米 售价3,675日元（两只装）

赤霞珠 Cabernet Sauvignon

蒂罗尔系列赤霞珠型机制精制水晶杯 405/0

容量685毫升 高155毫米 售价3,150日元

梅洛 Merlot

珍藏系列梅洛型机制精制玻璃杯6448/0

容量 610毫升 高 236毫米 售价2,310日元

梅洛是波尔多的代表葡萄品种之一，因此适合使用波尔多型酒杯。这种酒杯形状可以完全表现出梅洛葡萄酒丰盈而艳丽的酒液色泽。当波尔多型酒杯处于视平线水平位置或偏下位置的时候，便可以将葡萄酒送入口内，所以葡萄酒可以聚集在舌头的中心部位，易于体会葡萄酒的重量感。需要注意的是，在使用波尔多型酒杯饮酒的时候，酒杯所处位置十分重要。

阿马德奥型酒杯1756/90 S129

容量600毫升 高121毫米 售价 10,500日元（两只装）

黑皮诺 Pinot Noir

侍酒师御用头等勃艮第型手工精制水晶高脚酒杯4400/16

容量 1050毫升 高248毫米 售价21,000日元

宫廷特级皮诺型机制精制水晶杯4444/7

容量 770毫升 高245毫米 售价4,725日元

与所有酒杯相同，这款酒杯的设计为呼吸留下了巨大空间（有若干款酒杯属于特例），而且酒液可以顺利流向舌尖。首先，舌尖能够感受到太阳的味道（即果实滋味），待葡萄酒液流过，可以清晰地感受到大地的味道（即酸味与矿物质感）。被冠以“特级”之名的“侍酒师御用”系列酒杯，杯口向外翘出的造型设计，可以使极少量的葡萄酒抵达舌尖部位。而且为使伟大的葡萄酒将自身信息传递出来，在口中含有适量的葡萄酒是十分重要的。

酒仙系列皮诺型机制精制水晶杯403/7

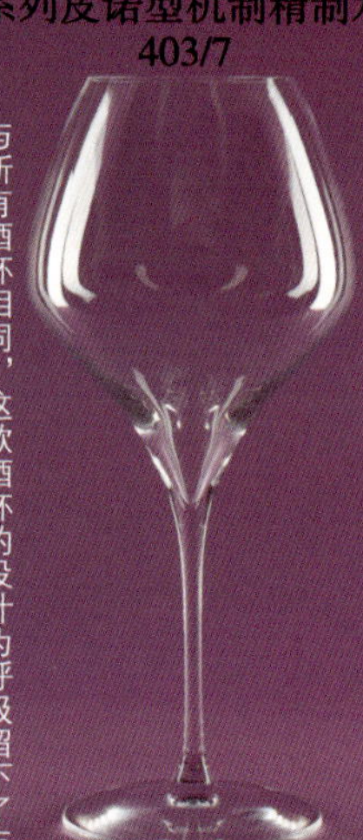

容量 770毫升 高260毫米 售价6,300日元

圣祖维斯 Sangiovese

珍藏系列圣祖维斯型精制玻璃杯 6448/15

容量 380毫升 高 221 毫米 售价 2,100日元

圣祖维斯葡萄酒，酒体适中，带有结实的酸味、涩味及矿物质感。根据这个特点，在酒杯形状的设计上，需满足激发出酒中樱桃与苦杏仁香气的条件，并且可以表现出果实滋味与柔和度之间的平衡感。酸味与单宁达到绝妙平衡后，为葡萄酒的余味增添了一抹复杂的色彩。

纳比奥罗 Nebbiolo

宫廷系列机制XL精制水晶杯 6416/67

容量800毫升 高240毫米 售价3,675日元

纳比奥罗葡萄酒以在大木桶中发酵熟成的类型为中心，成熟的气息极富魅力。以玫瑰与红色果实为象征的热情奔放，与带有负面色彩的焦油等独特风味混合在一起，个性复杂，与黑皮诺型酒杯搭配十分合适。

酒神系列纳比奥罗型机制精制水晶杯6404/7

容量700毫升 高 235毫米 售价5,250日元

歌海娜 Grenache

里德尔O系列西拉型平底玻璃杯 414/30

容量620毫升 高132毫米 售价3,675日元（两只装）

歌海娜葡萄酒与西拉型酒杯十分相配。这种比波尔多型酒杯高1厘米的设计，为葡萄酒带来了适度的浓缩感与酸味，使整体味道富有紧缩感。是可以感受到黑色系水果香与异域香辛料香气的酒杯形状。

动感系列西拉型精制玻璃杯407/30

容量 670毫升 高 255毫米 售价 2,625日元

西拉 Syrah

侍酒师黑领结系列手工水晶杯 4100/30

容量590毫升 高 265毫米 售价22,050日元

这个形状的酒杯，可以激发出西拉葡萄酒中香辛料与黑橄榄的独特芳香。同时能够感受到丝绸般柔滑的单宁，以及浓缩度极高的果实滋味，平衡感极佳。蒂罗尔系列酒杯适用于大洋洲的西拉斯，而埃米搭日的西拉葡萄酒更合适与黑领结系列搭配。

西拉 Syrah

蒂罗尔系列机制精制水晶杯 405/30

容量690毫升 高165毫米 售价3,150日元

添普兰尼洛 Tempranillo

宫廷系列添普兰尼洛型机制精制水晶杯 6416/331

容量 400毫升 高226毫米 售价3,675日元

具有优雅花香的添普兰尼洛葡萄酒与在栎木桶中熟成的成熟葡萄酒之间存在着巨大差异。形态偏小的「宫廷系列」酒杯，可以完美地激发出年轻葡萄酒中的芳香成分，偏大的「侍酒师御用系列」酒杯，则注重凸显在栎木桶中经过长期陈酿的成熟葡萄酒中特有的香气与余味。

侍酒师御用添普兰尼洛型手工精制水晶高脚酒杯4400/31

容量 620毫升 高248毫米 售价16,800日元

美国

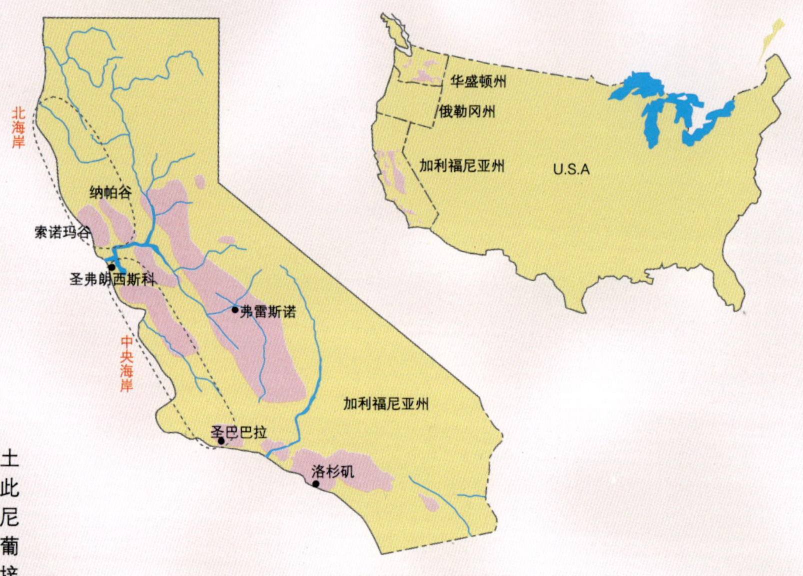

美国受优越气候条件的眷顾，对土地以及酿酒方式有着合理的规划，因此出产了许多高品质的葡萄酒。加利福尼亚州是美国葡萄酒的中心，有90%的葡萄酒出产自这里。但几年来，与加州接壤的俄勒冈州和华盛顿州的葡萄酒产量也在逐年增加。同时，纽约州、新泽西州、伊利诺伊州等地也酿造着高品质葡萄酒，受到了各界的广泛关注。

加利福尼亚州的葡萄酒历史起源于18世纪，并不十分悠久。耶稣会的传教士们为了在传教所中酿造做弥撒用的葡萄酒，开始了葡萄的种植。之后，在淘金热时期葡萄的种植得到了飞跃发展。因葡萄根瘤蚜病虫害的侵袭、禁酒法令的颁布，以及第二次世界大战的爆发，葡萄酒酿造业受到了毁灭性的打击，但在战后得到复苏，逐渐发展到今天这个程度。

根据气候、地形等条件，加利福尼亚州的生产地区可划分为北海岸、中央海岸、中央峡谷、南海岸、内华达山脉与西北部六大块区域。

北海岸位于旧金山湾北侧，包括纳帕谷、索诺玛谷与门多西诺，是生产高级葡萄酒的著名加州葡萄酒产地。纳帕谷的南北跨度宽达500公里，在该区域内的不同葡萄田之间，气候发生着微妙的变化，因此种植有多种葡萄，品种的多样化甚至可以与法国全国相抗衡。其中，赤霞珠与莎当妮的种植面积最广。

索诺玛谷与纳帕谷一山相隔，位于西侧，这里种植的葡萄品种同样丰富多彩。主要种植有莎当妮、白苏维翁、黑皮诺、梅洛、仙芬黛等品种。

以加利福尼亚州为中心，扩展到美国东海岸的葡萄酒产地

中央海岸是包括圣克鲁斯与蒙特雷等产区的新型葡萄酒产地。最近，这里盛行使用梅洛、莎当妮、黑皮诺等品种酿造高级葡萄酒。

中央峡谷位于内陆，气候相对较为炎热。这里是加利福尼亚的农业中心，葡萄酒产量占美国总产量的50%左右。这里每年都能够收获很多葡萄，因此，以酿造价格相对低廉的葡萄酒为主。近来也开始酿造价格居中的优质单一品种葡萄酒，特别是北部的洛迪产区，受到了广泛关注。

自洛杉矶开始向南延伸的南海岸，气候炎热，以生产易于饮用的日常伴餐用酒为中心。位于内陆地区的蒂梅丘拉山谷，自20世纪90年代起，知名度与日俱增。这里除种植有法国葡萄品种以外，还栽培有德国的琼瑶浆与雷司令，以及西班牙的添普兰尼洛等品种。

萨克拉门托与内华达山脉地区，以使用仙芬黛酿造纤细风味的葡萄酒为主。

西北部产区包括华盛顿州与俄勒冈州，一直延伸至加利福尼亚州北部。俄勒冈州气候阴凉，主要种植黑皮诺、灰皮诺与莎当妮等葡萄品种。特别是黑皮诺，可与法国葡萄酒相媲美，从而得到较高的评价。华盛顿州的葡萄酒产量仅次于加利福尼亚州。与勃艮第纬度基本持平，气候以早晚冷暖温差大为特点。产有许多品质出众的赤霞珠红葡萄酒。

纽约州是拥有一定历史的葡萄酒产地。生产量位居全国第四，产自长岛地区的葡萄酒得到很高评价。

第6章

值得你关注的日本葡萄酒

日本葡萄酒品质急剧上升 在世界舞台上多次获奖

近来，日本葡萄酒越来越惹人关注。尝试着品尝了几款葡萄酒，其美味出乎意料。的确，在这十几年间，日本葡萄酒不断成长，在品质上取得了巨大飞跃。

探访各地酿酒商，了解日本葡萄酒

日本葡萄酒之所以引人瞩目，并不仅仅是因为其美味，可以自由访问酿造有自己中意的葡萄酒的酒庄，也成为了享用葡萄酒的一大乐趣。从北海道至九州，在日本全国，共有180余家葡萄酒生产商，在一年内甚至可以探访数次。每一个季节，酿酒商都需要进行不同的工作。从开花期到着色期，从采摘到筛选，每一个季节的葡萄田都值得一看。而且在酒庄中，可以用日语向酿酒师们提问，听他们用日语回答。而在国外的酒庄，只有外语相当熟练的人才能够做到与酿酒师进行无障碍交流。不需要翻译，使用母语提问、叙述感想，可以将细节传达出去，这一点是非常难得的。

采用欧洲篱架种植方式以最新的栽培、酿造技术提升品质

日本的葡萄酒酿造始于明治初期，近年来品质才得以飞跃成长。原因包括以下几点：

①除去一小部分生产者，大部分酿酒商以用来食用的葡萄为原料酿酒，直至20世纪80年，才正式引进欧洲高级葡萄酒专用葡萄品种。

②在栽培葡萄的架式方面，原采用传统的棚架方式，现在原有基础上，积极引进了欧洲的篱架栽培方式。

③用来酿造高级葡萄酒的葡萄品种需具有浓缩感。为培育出具有浓缩感的葡萄品种，限制每棵葡萄树结果数量的收成量限制思想逐渐渗透。

④学习外国最新栽培、酿造技术的年轻酿酒师不断增加。

⑤日常生活中饮用葡萄酒的消费者不断增加。这是最为重要的一点，因为即使可以酿造出更多更美味的葡萄酒，如果没有爱好者饮用，葡萄酒的酿造也是无法经营起来的。

JAPANESE WINE

JAPANESE WINE

"甲州"葡萄——日本国产代表品种其遗传基因与欧洲葡萄品种几乎相同

为酿造出美味的葡萄酒，日本国内都种植有怎样的葡萄呢？

在日本，葡萄的种植历史十分悠久。在位于胜沼附近的国分尼寺遗迹中，发现了大量葡萄种子，据推测，葡萄种植是在奈良时代至平安时代期间由中国传到日本的。

甲州葡萄（上图）是白葡萄酒中具有代表性的葡萄品种。关于甲州葡萄的由来，有两种传说，一说是由奈良时代的行基高僧于718年传入甲斐国，另一说则是由一个名为雨宫勘解由的胜沼人所发现。近来，对这种自古以来一直生长在日本的甲州葡萄进行了DNA鉴定，结果显示，甲州葡萄酒的基因与欧洲葡萄酒专用品种几乎完

井筒NAC莎当妮樽熟成葡萄酒 2008

井筒葡萄酒
720ml/13°/3,588日元

在栎木桶中熟成6个月 味道深邃而浓厚

以产自盐尻市自家公司的葡萄园与签约农园的莎当妮葡萄为原料，酿出的葡萄酒需在栎木桶中进行长达6个月的熟成期。凛然而味道轮廓鲜明的辛辣莎当妮，在经过樽熟成之后，增添了深邃与浓厚之感。

全相同。因此可以推断出，甲州葡萄有可能是经由丝绸之路从欧洲传入了日本。

麝香贝利A是酿造红葡萄酒最多的品种。由于欧洲葡萄在引进后不能适应日本当时的气候条件，新泻县的川上善兵卫于1927年研制出了适合在日本种植的葡萄，因此可以说麝香贝利A是日本独有的葡萄品种。

如今，赤霞珠、梅洛、莎当妮、柯内尔等欧洲葡萄酒专用品种，在日本全国各地得到了广泛种植。国内葡萄酒比赛自不必说，在国际上获得大奖的葡萄酒也不在少数。日本葡萄酒事业的发展成果逐渐展现。

性价比超高
具有实力的葡萄酒数不胜数

山梨县是日本葡萄酒的主要产地，生产量占有绝对优势，堪称为历史悠久的葡萄酒王国。由甲州葡萄酿制而成的白葡萄酒种类丰富，有甜度中等易于饮用的类型，有清新爽快的辛辣类型，还有在木桶中熟成口感厚重的类型。使用麝香贝利A酿成的葡萄酒则是红酒中的典范。在长野县，盛行使用欧洲葡萄酿制葡萄酒，尤其是盐尻市的桔梗原地区，使用梅洛酿制而成的红葡萄酒品质颇高，受到了葡萄酒爱好者们的好评。白葡萄酒中，北信地区的莎当妮葡萄酒知名度最高。山形县盛行酿制甲州葡萄酒与欧系葡萄酒。北海道气候寒冷，以使用抗寒性强的山葡萄酿酒为主，同时也使用德国葡萄品种酿酒。

品尝新酒，寻找最爱

借周末郊游野餐之机，可以到周边的酒庄转一转，在参观的同时，听一听专业酿酒师的讲解，还可以品尝到新鲜出炉的葡萄酒，这才是享用日本葡萄酒的妙趣所在。近来有许多酒庄开设了餐厅，有酿酒师相伴的远足一定非常有趣！还在犹豫什么？收拾好你的行囊，去酒庄看一看，相信你一定会遇到完美的葡萄酒！

北海道

鹤沼白布贡德葡萄酒 2007

北海道葡萄酒
720ml/11.5°/1,964日元

富有矿物质感的辛辣白葡萄酒与生牡蛎搭配饮用最佳

“鹤沼酒园”是日本最大的葡萄田。这款使用自家田地葡萄所酿造的葡萄酒，仅在收获葡萄品质极高的年份销售。白布贡德葡萄是鹤沼酒园最早种植的葡萄品种之一，酿成的白葡萄酒口感辛辣，适合与生牡蛎等佳肴搭配。

山形县

“嘉”莎当妮起泡葡萄酒

高畠葡萄酒
750ml/12°/1,793日元

获2006年度国产葡萄酒大奖赛银奖
为同种类葡萄酒中最优秀产品

100%采用产自高畠町的莎当妮葡萄酿制而成，口感辛辣。这款起泡酒完全展现出高畠町莎当妮葡萄的特征，华丽而浓郁的果香，酸味丰富而不失新鲜，细腻微小的气泡十分诱人。适合与日本料理、西餐搭配。

长野县

山梨县

三泽珍品白葡萄酒 2008

中央葡萄酒
750ml/12.3°/6,300日元

由莎当妮酿制而成的旗舰酒款

精心栽培、产自自家葡萄园的莎当妮，通过用心酿造，诞生了这款旗舰葡萄酒。清新的柑橘类果香，上乘的白色花香，再加上树木的复杂感，纤细之中却又不乏力道。是一款稍稍成熟便可饮用的葡萄酒。

・上述葡萄酒价格仅供参考。

产地专栏 6

新世界

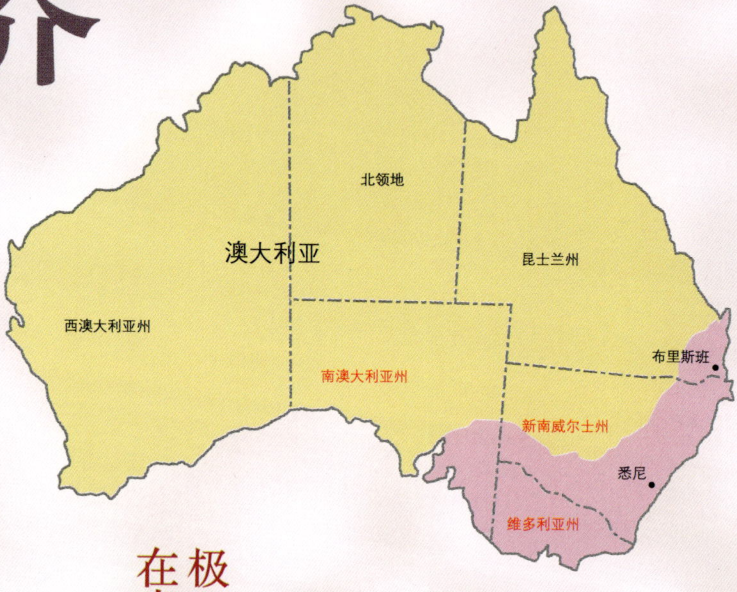

北领地
澳大利亚
昆士兰州
西澳大利亚州
南澳大利亚州
布里斯班
新南威尔士州
悉尼
维多利亚州

极富个性的葡萄酒在南半球相继诞生

澳大利亚

澳大利亚于19世纪起正式开始葡萄酒酿造，这里夏季干燥炎热，秋冬两季降雨丰富，是典型的地中海气候。

西拉斯（西拉在大洋洲的名字）、赤霞珠等品种是澳洲主要的红葡萄酒品种，白葡萄则以莎当妮、雷司令为主。法国的葡萄品种在这片气候凉爽的土地上生长，酿造过程中借助冷却设备维持低发酵温度，致使葡萄的果实滋味得到了很好的保存。而且，经过在栎木桶中的熟成，酸味得以激活，提升了葡萄酒的醇度。无论是红葡萄酒还是白葡萄酒，与产自欧洲的葡萄酒相比，大洋洲葡萄酒的果实滋味更为浓郁，以新鲜的水果气息为特征。

澳大利亚葡萄酒产地主要集中在新南威尔士州、维多利亚州与南澳大利亚州3个州。

新南威尔士州是澳大利亚葡萄酒的发祥地，这里以猎人谷为中心，主要使用塞米雍、西拉斯、莎当妮等葡萄品种生产高级葡萄酒。维多利亚州自殖民地时期便开始了葡萄酒的酿造，历史悠久。用来酿造白葡萄酒的品种主要有莎当妮、雷司令、白苏维翁等，赤霞珠、梅洛、黑皮诺则为主要的红葡萄酒品种。其中，使用黑皮诺酿造而成的高品质葡萄酒最多。

南澳大利亚州是澳大利亚最大的葡萄酒产区。以巴罗莎谷为中心，聚集了大量葡萄酒生产商，葡萄酒产量占据全国种类的50%。这里主要种植有赤霞珠、西拉斯、雷司令等品种。

阿根廷

与智利相邻的阿根廷，葡萄酒产地位于安第斯山脉的东侧。以赤霞珠、莎当妮为中心，主要种植欧洲葡萄品种。其中，马尔贝克是阿根廷的代表葡萄品种，使用马尔贝克酿成的葡萄酒，口感成熟，品质极高。

门多萨是阿根廷葡萄酒的生产中心。这里的葡萄产地位于海拔850~1500米的高度，十分罕见，但80%的阿根廷葡萄酒都出产自这里。与门多萨相邻、位于北侧的圣胡安，同样是阿根廷葡萄酒的著名产地。位于更北侧的拉里奥哈，种植有一种名为妥伦特斯·里奥哈诺的白葡萄品种，其种植量占据了当地葡萄栽培量的一半。

智利

在呈南北狭长走势的智利，葡萄酒产地主要位于安第斯山脉西侧的沿河丘陵地带。以位于中部位置的地中海气候地区为中心。北部的阿空加瓜山谷，气候温暖，昼夜温差大，生长于这里的葡萄，味道极为浓郁。而种植于南部气候寒冷地区的葡萄，富含优质的酸味。

智利以种植欧洲葡萄品种为主，用来酿造红酒的赤霞珠与酿造白葡萄酒的白苏维翁，都是智利的主要品种。其中，产自智利的赤霞珠红葡萄酒品质极高，受到了高度赞扬。

南非

南非的葡萄种植地以南纬34°为中心，面积约有12万公顷。这个区域内拥有稳定的地中海气候，日照充足，降水丰富，具备适宜葡萄种植的各种条件。主要种植有赤霞珠、梅洛、白苏维翁、白诗南、莎当妮等品种，而南非独有的皮诺塔吉是极具代表性的红葡萄酒品种。种植面积广阔，每一个产区的葡萄酒都具有各自的特点，南非葡萄酒以种类丰富、极富变化而著称，魅力十足。

第7章

了解这些知识，即可通晓起泡酒

起泡葡萄酒的甄选与享受方法

起泡葡萄酒的基础知识

美丽的气泡在酒杯之中缓缓升起

起泡葡萄酒可以为我们的人生增添喜悦，带来快乐。在开瓶的一瞬间，瓶塞发出『呼』的一声，飞向空中，金黄色的酒液在酒杯中不断升起美丽的气泡。举起酒杯，喝上一口，我们的脸上便会浮出幸福的微笑，这美味的酒液如同心灵的伙伴，为我们驱赶疲惫。

美丽气泡的持续释放时间由酒液中的二氧化碳含量决定

“起泡葡萄酒”可谓是人生的佳伴，世界上主要葡萄酒产地几乎都在酿造着这种“倒入酒杯中便会缓缓冒出美丽气泡的葡萄酒”。为大家所熟知的香槟酒，就是一款最为著名的起泡酒，而只有产自于法国香槟地区的起泡酒，才有资格被称作香槟。也就是说，香槟只是世界起泡酒中极少数的一部分。除了香槟，世界上还有许多品质优秀的起泡酒。

轻盈的气泡如同起泡酒的生命。由于这些气泡是由融入在酒液中的二氧化碳释放而产生的，因此欧盟规定起泡酒中二氧化碳的压力需达到3个大气压以上。而这个压强相当于汽车轮胎内部气压的1.5倍。而且香槟酒中的压强为5~6个大气压，相当于汽车轮胎的三倍以上。

起泡酒中的压强越大，气泡释放的持续时间越长。对于起泡酒来说，气泡如同生命一般，因此，酒中的二氧化碳压强弱是一个十分重要的因素。

对于那些酒中气压偏低，未达到规定的起泡酒，被称作微起泡酒（如法国的佩蒂微起泡酒、意大利的低泡葡萄酒），以区分与起泡酒之间的不同。

起泡酒的味道、价格、气泡大小等因素由酿造方法决定。

起泡酒的酿造方法主要有5种。

传统方法

Step1 酿造基酒

酿酒师们在酿造起泡酒的时候，首先需要酿制基酒，即作为主要原料的葡萄酒。基酒通常按照品种、地区、葡萄田、生产年份等方面分类，分别酿制。

Step2 混合

将酿成的基酒一点点地混合在一起，调整味道与品质之间的平衡，最终得到酿酒师想要的类型。这道工序中，首先要将葡萄酒混合，制作出数量极为庞大的混合葡萄酒，然后从中选出几款最佳的混合酒，再经过反复试饮才能最终决定。这种与制作香水极其相似的混合工序，要求酿酒师们有着高超的技艺与敏锐的感觉，因此，大多数公司都不会公开各种葡萄酒的混合比例。

Step3 装瓶

将基酒灌入酒瓶之中，并加入混合有一定糖分与酵母的液体，封瓶。这时大多使用瓶盖封瓶，而非木塞。酵母将在封瓶后的数个星期内分解糖分，释放出二氧化碳与酒精。由于此道工序中对酒瓶进行了加盖封瓶，因此产生的二氧化碳无法释出，从而融入了葡萄酒之中。这就是我们所看到的起泡酒中的气泡。发酵停止、酵母死亡后，酒液中那些白色的沉淀物就是我们所说的酒渣。

Step4 熟成

为增添起泡酒中的鲜味，需要在保留酒渣的状态下对其进行熟成。熟成时间的长短根据产地与生产商而不同，有的起泡酒甚至需要经过长达数年之久的熟成期。酒渣为酵母的残骸，通过对自身进行分解，释放出鲜味成分，增添了葡萄酒的鲜味。在这个期间里，酒中还会生成吐司面包般的浓香。一般情况下，起泡酒的熟成时间越长，酒中的面包浓香与鲜味成分就会越多，气泡也越细腻。

各国起泡葡萄酒的名称

在各个葡萄酒生产国，以各自特有的语言对起泡葡萄酒的称呼。

国家名称	起泡酒总称	具体名称（记载在标签上的名称）
法国	起泡性葡萄酒（Vin Mousseux）	香槟、阿尔萨斯·克雷曼特等
意大利	苏打葡萄酒（Spumante）	阿斯蒂、弗朗齐亚柯达等
西班牙	起泡酒（Espumoso）	卡瓦等
德国	泡沫酒（Schaumwein）	塞克特
美国	起泡葡萄酒	起泡葡萄酒
澳大利亚	起泡葡萄酒	起泡葡萄酒

1

这种传统的酿造方法也被称作香槟法。世界上品质最高的起泡葡萄酒——香槟，就是使用这个方法酿制的。

Step5 倒瓶

为使酒渣聚集在瓶口位置，需一点点地转动酒瓶，直至酒瓶成倒立状。以前的酿酒师们需要将葡萄酒插入到倾斜台面的洞口中，进行这道倒立酒瓶的工序。如今，使用自动沉淀转移装置即可完成倒瓶工序。但是，即使是使用自动装置完成这个步骤的生产商，在酿造最高等级的起泡酒时，依旧会选择人工操作。

Step6 除渣

当酒渣聚集在瓶口之后，利用零下20℃的氯化钙溶液将酒渣冰冻。然后将酒瓶竖直立起，打开瓶盖，由于瓶内产生压力，致使冰冻状态下的酒渣顺势飞出。

Step7 补充和加糖

由于有少量葡萄酒随酒渣同时飞出，因此需要使用葡萄酒补充瓶中所减少的酒量。同时，对起泡酒添加糖分，调整甘甜程度。

含糖量

极干型（极辛辣）	含糖量6g以下/L
干型	含糖量15g以下/L
半干型（辛辣）	含糖量17~35g以下/L
半甜型	含糖量33~50g以下/L
甜型（甘甜）	含糖量50g以下/L

Step8 封瓶

对葡萄酒进行封瓶处理。为防止瓶塞因压力过大而飞出，需使用金属丝固定。

2 转移法

将传统方法中的第六步“除渣”工序从简后得到的方法。前半段工序与传统方法相同，而除渣工序则是将葡萄酒转移到加压槽内进行。

与传统方法相比，酒中气泡状态欠佳，但可以降低成本。是美国、澳大利亚等新世界常采用的方法。

3 夏尔马法

由尤金·夏尔马于20世纪初期研发的方法。

该方法是将传统方法中最耗费时间的瓶中酿造工序转移到大型加压槽中进行。使用该方法有利于大量生产价格低廉的起泡酒，但由于味道欠缺复杂性需早饮用。

4 田园法

以前的起泡酒酿制方法。这种方法中，葡萄酒在瓶内进行酒精发酵，并在酒精发酵过程中对葡萄酒进行装瓶、封盖，从而使二氧化碳在瓶内融入葡萄酒之中，因此瓶内气压相对较弱。现有法国南部地区的一些产地在使用。

5 加汽法

即在加压槽中将二氧化碳融入葡萄酒的方法，与碳酸饮料的制作过程基本相同。使用这种方法制造的葡萄酒气泡粗糙，持续时间极短。

世界上的起泡葡萄酒

法国 France

香槟

香槟，是指在香槟地区使用传统方法酿制而成的起泡葡萄酒。主要使用白葡萄莎当妮，以及黑皮诺与莫尼耶皮诺这两种黑葡萄。分为标有生产年份的年份香槟与使用不同年份葡萄混合酿造的无年份香槟，其中，无年份香槟的最低熟成时间为15个月，而年份香槟的最低熟成时间为3年。

克雷曼特

除香槟地区以外，其他产地使用传统方法酿造的起泡葡萄酒。阿尔萨斯·克雷曼特与卢瓦尔·克雷曼特最为著名，使用葡萄品种因地而异。

Cristal Louis Roederer

路易王妃水晶香槟

香槟酒中的最高级别

1876年，路易王妃亲手将为俄罗斯沙皇亚历山大二世酿造的香槟酒倒入了沙皇专用的水晶杯中，从而诞生了世界上最为古老的珍品级香槟。路易王妃水晶香槟全部选用产自特级葡萄园内的葡萄，仅在收成极佳的年份酿造。

1.路易王妃葡萄园
2.法国・香槟地区
3.黑皮诺55%・莎当妮45%
4.750ml
5.12°
6.25,200日元

Champagne Jacquesson Cuvée #733

雅克森香槟733号

将收成年份个性完美展现

雅克森酒园创业于1798年，历史悠久。曾被选为拿破仑一世结婚典礼用酒，并发明了金属丝加固瓶塞的方法。雅克森出产的香槟系列，将收成年份的个性完美展现，是品质极高的起泡酒。香槟733号的基酒生产于2005年。

1.雅克森酒园
2.法国・香槟地区
3.莎当妮52%・黑皮诺24%・莫尼耶皮诺24%
4.750ml
5.12°
6.7,875日元

Palmes d'Or Brut Millesime

金棕榈极干型香槟 1998

丽歌菲雅酒庄的名品香槟

仅在葡萄收成极佳的年份酿造，是集结了丽歌菲雅酒庄智慧与经验的超高品质香槟。酒液呈现为浓郁的金黄色。味道平衡感极佳，余味高贵典雅。是味道十分谐调的香槟。最低熟成时间为8年。

1.丽歌菲雅酒庄
2.法国・香槟地区
3.黑皮诺50%・莎当妮50%
4.750ml
5.12°
6.21,000日元

Crémant de Loire

卢瓦尔克雷曼特起泡酒

气泡极其细腻优雅的辛辣起泡葡萄酒

蒙穆索酒庄在1886年购买了位于都兰地区蒙特利夏尔的酒窖，以葡萄酒运销商的身份开始经营。后在1920年的时候，开始以传统方法酿造起泡酒，长期生产品质优秀的葡萄酒。2008年国际大奖赛上，该酒获得克雷曼特起泡酒金奖。

1.蒙穆索酒庄
2.法国・卢瓦尔地区
3.白诗南55%・莎当妮33%・品丽珠7%・黑皮诺5%
4.750ml
5.12°
6.3,150日元

・上述葡萄酒价格仅供参考。

西班牙·Spain

卡瓦酒

在西班牙所产的起泡葡萄酒中，卡瓦酒占据了90%~95%的比例。卡瓦酒采用与香槟相同的传统方法酿造，但葡萄品种为西班牙本土的沙雷罗、帕雷亚达、马克贝奥等。法定最低熟成时间为9个月，珍藏卡瓦酒与特级珍藏卡瓦酒所需的熟成时间更长，分别为3年与5年。

Oriol Rossell Brut Cuvée Especial

卡瓦奥罗赛尔起泡酒

平均熟成时间长达 15 个月，气泡细小而滑腻

奥罗赛尔酒庄为家族经营的小规模酿酒商。仅使用产自自家酒园的葡萄。纯手工摇瓶，平均熟成时间长达五15个月，气泡细小而滑腻，果实风味浓郁。

1.奥罗赛尔酒庄
2.西班牙・佩内德斯
3.沙雷罗50%・马克贝奥30%・帕雷亚达20%
4.750ml
5.11.5°
6.1,250日元

Premium Cuvée Rosé Brut

干型桃红起泡葡萄酒

富含野生草莓的味道，如奶油般滑腻的口感别具一格

经过长达25个月的熟成期，酒液呈现为完美的樱花色。果实滋味清新，能够让人联想到野生草莓，口感滑腻，余味纤细而绵长。英国著名葡萄酒评论家认为，这是一款比香槟酒还要出色的起泡酒。

1.马库斯・曼尼斯图尔酒庄
2.西班牙・佩内德斯
3.莫纳斯特莱70%・黑皮诺30%
4.750ml
5.12°
6.2,100日元

Ravents i Blanc

拉本特干型起泡葡萄酒

以“使用优质葡萄酿造优质葡萄酒”为宗旨

酿酒使用的葡萄全部产自自家酒园葡萄田，全部人工采摘最优秀状态下的葡萄，采摘后全部依靠葡萄自身重量压榨。该酒庄以“使用优质葡萄酿造优质葡萄酒”为宗旨，长期以来绝不松懈，酿造着因稀少而珍贵的高级卡瓦酒。

1.拉本特酒庄
2.西班牙・佩内德斯
3.马克贝奥20%・沙雷罗20%・帕雷亚达20%
4.750ml
5.11.5°
6.2,700日元

・上述葡萄酒价格仅供参考。

Italy 意大利

弗朗齐亚柯达

作为意大利最高等级的起泡葡萄酒，弗朗齐亚柯达葡萄酒享有盛誉。主要使用葡萄品种包括莎当妮、意大利黑皮诺、白皮诺等，采用传统方式酿造，最低熟成时间为18个月。

Franciacorta DOCG Brut Cuvée Prestige

珍品弗朗齐亚柯达葡萄酒

严格筛选自家庄园葡萄，熟成时间长达 28 个月

2008年最新上市的无年份起泡酒。所使用葡萄产自自家庄园的134块葡萄田，经过严格筛选后酿造。在经过了长达28个月之久的熟成期后，滋味复杂，却又不乏清新感。

1.卡德尔・博斯科酒庄
2.意大利・伦巴第大区
3.莎当妮75%・意大利黑皮诺15%・白皮诺10%
4.750ml
5.12.5°
6.4,830日元

Franciacorta Cuvée Brut

干型弗朗齐亚柯达葡萄酒

纤细精致的风味中充斥着古老葡萄酒的成熟与深邃

选用弗朗齐亚柯达地区5个村庄中的近30种葡萄酒混合酿造而成。在薰香度极高的葡萄酒中，加入了3~4年前生产的“古老葡萄酒”，激发出了独特的芳香与浓醇。酒香中充斥着成熟果实的甘甜，丰盈而浓郁，同时含有绿色植物与香子兰的气息。

1.贝拉维斯塔酒庄
2.意大利・伦巴第大区
3.莎当妮80%・意大利黑皮诺与白皮诺20%
4.750ml
5.12.5°
6.4,725日元

普罗赛柯

以葡萄品种命名的起泡酒。酒精浓度偏低，是适合在年轻状态下饮用的葡萄酒。

阿斯蒂

产自位于米兰西部的阿斯蒂地区，略微偏甜，适合与甜点搭配饮用的起泡葡萄酒。

Ballerina Prosecco
普罗赛柯起泡酒

可以餐前饮用，也可与鱼贝类菜肴搭配享用

是一款具有清新滋味的起泡葡萄酒。酒液散发着金属光泽，酒香华丽，果香浓郁。味道构成结实，可与多种菜肴搭配。其中与白肉鱼、腌渍类海鲜、生蚝、生火腿、生鱼片等以鱼贝类为主的菜品搭配效果最佳。

1.卡佩塔酒庄
2.意大利
3.普罗赛柯100%
4.750ml
5.11°
6.1,950日元

Asti Degli Angeli
阿斯蒂天使葡萄酒

以作为“神之使者”的天使为图案，寓意幸福的降临

酒香中充满了莫斯卡托葡萄的华丽香气，是带有清爽风味的甘甜型葡萄酒。酒精浓度偏低，滋味柔和，以女性为中心，在世界上颇受欢迎。天使，是神的使者，寓意着更多幸福的降临。

1.圣德罗酒庄
2.意大利·皮埃蒙特大区
3.意大利莫斯卡托100%
4.750ml
5.7.47°
6.1,680日元

Gancia asti spumante
嘉琪亚阿斯蒂苏打白葡萄酒

世界著名的甘甜型苏打白葡萄酒

酒香充满了柔和而饱满的密斯卡特葡萄香气，口感甘甜而清爽。全部使用意大利莫斯卡托葡萄酿造，是世界上著名的甘甜型苏打白葡萄酒。

1.嘉琪亚酒庄
2.意大利
3.意大利莫斯卡托100%
4.750ml
5.7.5°
6.价格不详

・上述葡萄酒价格仅供参考。

德国 Germany

塞克特

以国内外的葡萄酒为基酒，几乎全部采用夏尔马方法酿造。标签上写有“德国塞克特（Deutscher Sekt）”字样的葡萄酒，表示全部采用产自德国的葡萄酿制，当中大多数葡萄酒都会同时表明葡萄种类与年份。

Reichsrat Von Buhl Spatburgunder Blanc De Noir

赖斯特方布尔庄园斯贝博贡德白中黑葡萄酒

充满红色系水果浓香与森林泥土的芬芳，以及新鲜的烤肉味道

色调柔和，酒香中充斥着红色系水果浓香与森林泥土的芬芳，并飘散有新鲜的烤肉滋味。与烘烤后的肉类菜肴搭配最佳。

1.赖斯特·方布尔庄园
2.德国
3.斯贝博贡德100%
4.750ml
5.12°
6.5,775日元

美国 America

在香槟地区的大型酿酒商进军美国之后，这里诞生了许多高品质的起泡葡萄酒，成为了起泡酒的著名产地。葡萄品种也与香槟地区相同，主要选用莎当妮与黑皮诺，以传统方法酿制。

Quartet Anderson Valley Brut

安德森山谷干型起泡酒

由香槟地区名门“路易王妃酒庄”美国酿造

所用葡萄产自位于加利福尼亚州北部的安德森山谷中的4个葡萄园，经过严格筛选后酿制而成。有洋梨与香辛料，并夹杂有榛子的香气，味道深邃而复杂，平衡感极佳。果实滋味与酸味达到了完美的平衡，滋味优雅高贵，口感如奶油般滑腻而又不失清新。

1.路易王妃酒庄
2.加利福尼亚州·北海岸
3.莎当妮70%·黑皮诺30%
4.750ml
5.12°
6.2940日元

Schramsberg Blanc De Noirs 2005

世酿伯格白中黑起泡酒2005

滋味复杂，果香四溢，酒体适中

这款葡萄酒以黑皮诺为主体酿制而成，滋味复杂，果香四溢，是一款酒体适中的辛辣起泡葡萄酒。在美国，世酿伯格酒庄是白中黑类型起泡酒的开拓者。

1.世酿伯格酒庄
2.加利福尼亚州·纳帕谷
3.黑皮诺90%·莎当妮10%
4.750ml
5.12.4°
6.4935日元

南非 South Africa

虽然所占市场份额极少，但南非葡萄酒产区的景观举世闻名，这里一直以传统方法生产着起泡葡萄酒。

Fradition Brut,red Label,Villiera Estate

维利厄拉酒庄传统红牌干型起泡酒

以传统方法酿造，风味独特，具有迸裂感

发酵过程完全在酒瓶中进行，按照传统方法纯手工酿造。酒中弥散着丰盈的东方风味，复杂而具有平衡感的滋味十分正宗。酸味清爽，果实滋味浓郁，鲜活的味道在口腔之中迸裂。

1.维利厄拉酒庄
2.南非・斯泰伦博斯
3.莎当妮50%・黑皮诺23%・皮诺塔吉15%・莫尼耶皮诺12%
4.750ml
5.12°
6.2,480日元

新西兰 New Zealand

新西兰的马尔堡地区气候凉爽，是起泡葡萄酒的主要产地。白天温暖、夜晚凉爽，为保持起泡酒所用葡萄中的酸味提供了必要的气候条件。同时，这里还是白苏维翁的著名产地，因此也有使用白苏维翁酿造的起泡酒。

Morton Estate Method Traditionnelle Blanc de Blanc '99

莫顿庄园白中白起泡酒99

2002年被评为新西兰最优秀酒庄

水果香气略微收敛，酒香中弥散有坚果、杏仁软糖、谷物类等具有东方特色的香气，同时在熟成过程中，还产生了吐司、橘子瓣等味道。舌尖触感滑腻，十分优雅。酒体轻盈，滋味丰富，优雅而极富魅力，是典型的白中白起泡酒。

1.莫顿庄园
2.新西兰・马尔堡地区
3.莎当妮100%
4.750ml
5.12°
6.4,725日元

・上述葡萄酒价格仅供参考。

起泡酒的开瓶方法与倒酒方式

摇晃酒瓶，只听“呼”的一声，橡木塞从酒瓶中飞出，这样的景象经常能够在棒球或F1赛车的颁奖典礼上看到。但这种开瓶方式完全违背了日常礼节，只能用在庆祝胜利的仪式上。顺利地打开酒瓶却又不发出声响，通过这一点可以判断一个人开瓶的熟练程度。

首先，需要将起泡葡萄酒的温度降到6~8℃。进行冷却的理由包括两点：一，为防止二氧化碳泡沫溢出。温度越高，二氧化碳泡沫溢出的可能越大。二，为突出酸味与清爽感。由于将葡萄酒倒入酒杯之后，温度会上升1~2℃，冷藏的时候请注意。

其次，剥掉瓶口的封膜，拧开固定在木塞上的铁丝。将瓶口朝向无人方向，从瓶塞上侧用力压住瓶塞，旋转酒杯底部。当二氧化碳气压增大，向上顶起瓶塞的时候，将瓶塞稍稍倾斜，使瓶中气体沿缝隙释放，然后轻轻取下瓶塞即可。注意不要发出声响。

为欣赏酒中美丽的气泡，可以选用长笛型酒杯。向杯中倒入八分满的酒液即可，趁酒液温度尚低的时候饮用。

1 在封膜平滑的地方，用小刀划开，剥下封膜。

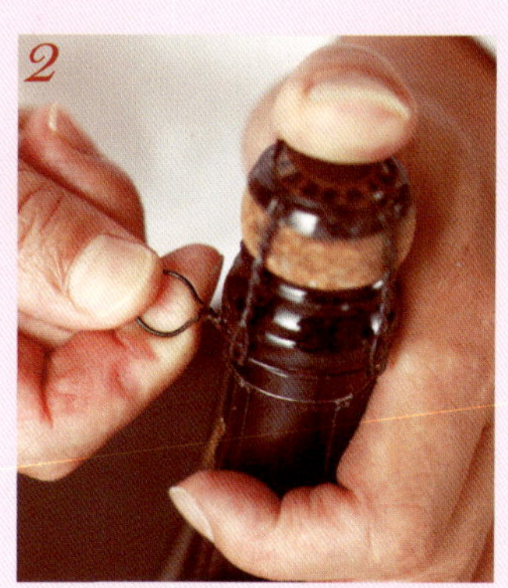

2 用大拇指压住瓶塞，另一只手拧开铁丝。

3 握住瓶底，转动酒瓶。握紧瓶口木塞的一只手不要动。

4 当瓶内气体向上顶起瓶塞时，稍稍倾斜瓶塞，使瓶中气体沿缝隙释放，然后轻轻取下瓶塞。不要发出声响。

5 擦拭瓶口。

6 倾斜酒杯，静静地将酒倒入杯中，至八分满即可。

与葡萄酒为基酒的鸡尾酒
40款以起泡酒

这款被命名为帝王的鸡尾酒，是具有最上乘滋味的香槟鸡尾酒

帝王基尔酒
KIR IMPERIAL

克雷曼特树莓白兰地……………………… 1/5
香槟（玛姆红带特级干型香槟）………… 4/5

将冷藏后的材料葡萄酒注入到长笛型的香槟杯中，轻轻搅拌。

使用树莓白兰地代替了国王基尔酒中的醋栗利口酒。由于本酒是比“国王”更高级别的鸡尾酒，因此以“帝王”命名。树莓白兰地的酸味比醋栗更强。

调制方法/直接倒酒 味道/甘甜 度数/12°

比香槟更上乘更优雅的饮品。

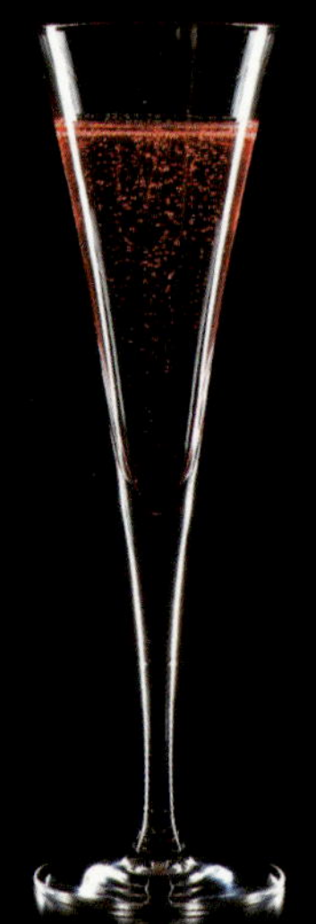

国王基尔酒
KIR ROYAL

香槟……………………………………… 60ml
克雷曼特醋栗利口酒…………………… 10ml

将醋栗利口酒注入长笛型香槟杯中。加满冷却后的香槟，轻轻搅拌。

由使用白葡萄酒为基酒变化而来的基尔酒。以香槟为基酒调制而成，是比香槟更加华丽的派对饮品。上乘的品质与“国王”这个名字十分相称。将醋栗利口酒换为树莓白兰地，即可得到帝王基尔酒。

调制方法/直接倒酒 味道/中甘 度数/12°

柠檬皮漂浮于杯中，为你带来清爽感受

风暴鸡尾酒
CLOUD BUSTER

伏特加……………………………………… 40ml
香槟………………………………………… 适量

在酸酒杯中倒入伏特加。加入冰块，倒满香槟。并使用螺旋状柠檬皮加以装饰。

由无味无臭的伏特加与香槟组合而成的简约鸡尾酒。味道与香槟相似，但度数偏高，切勿过量饮用。酒杯中的螺旋状柠檬皮阐释了“风暴”这个名称。

调制方法/直接倒酒 味道/中甘 度数/22°

果香四溢，口感极佳的清爽香槟滋味

复活4号鸡尾酒
CORPSE RIVIVER NO.4

白兰地……… 30ml 柠檬汁 ………… 30ml
橘子汁……… 30ml 红石榴糖浆 …… 2大滴
香槟………… 适量

摇动除香槟以外的其他酒水，倒入酸酒杯中，加满冷藏后的香槟即可。使用柠檬或橙子切片进行装饰。

同为复活系列的2号鸡尾酒是使用金酒为基础，添加同样分量的果汁与香槟制作而成，是易于饮用的鸡尾酒。

调制方法/摇动 味道/中甘 度数/19°

由白兰地与香槟制成，具有大都市气息

芝加哥鸡尾酒
CHICAGO

白兰地……… 45ml 柑桂酒 ……… 2大滴
安哥斯图纳苦酒……………………… 1大滴
香槟………………………………………… 适量

摇动除香槟以外的其他酒水，加入砂糖后，倒入冻雪式长笛型香槟杯中。加满冷藏后的香槟即可。

是一款气泡极其细腻的鸡尾酒。以美国城市 芝加哥命名，带有大都市的气息。加入砂糖，制成雪糖型鸡尾酒，口感甘甜。

调制方法/摇动 味道/中甘 度数/25°

香槟鸡尾酒
CHAMPAGNE COCKTAIL

香槟………… 适量 方糖 …………… 1块
安哥斯图纳苦酒…………………………1大滴

在碟型香槟杯中放入方糖，加入安哥斯图纳苦酒，浸泡方糖。加满冷藏后的香槟即可。

相传设计于20世纪初期，是一款传统的鸡尾酒。在电影《卡萨布兰卡》中，亨弗莱·鲍嘉对英格丽·褒曼说出“与你的眼睛干杯”之时，便是饮用的这款鸡尾酒。这经典的一幕使得这款鸡尾酒享誉全球。

调制方法/直接倒酒 味道/中甘 度数/12°

库勒鸡尾酒
CHAMPAGNE COOKER

白兰地……… 45ml 白橙皮酒 ……… 30ml
起泡葡萄酒……………………………… 适量

将除起泡酒以外的其他酒水倒入酒杯中，加满起泡酒即可。使用薄荷叶与樱桃加以装饰。

白橙皮酒是带有橘子味道的利口酒。以这种无色的橙皮酒来抑制鸡尾酒中的甘甜滋味。气泡极其细腻，口感比苏打汽酒更为柔和。库勒鸡尾酒是可以带来清凉感受的饮品，但饮用时请注意酒精浓度。

调制方法/直接倒酒 味道/中甘 度数/28°

考比勒鸡尾酒
CHAMPAGNE COBBLER

柠檬汁……… 半茶匙 柑桂酒 …… 半茶匙
香槟……………………………………… 适量

在大葡萄酒杯中，加入半杯左右的碎冰。放入柠檬汁、柑桂酒以及橙子切片，加满冷藏后的香槟。轻轻搅拌。

考比勒型鸡尾酒很少使用柠檬汁与柑桂酒进行调味。可以说，这是一款带有独特风味的清凉型香槟鸡尾酒。

调制方法/直接倒酒 味道/中甘 度数/15°

茱莉普香槟鸡尾酒
CHAMPAGNE JULEP

香槟………… 适量 糖粉 ………… 1茶匙
薄荷叶…………………………………… 数片

将薄荷叶与糖粉放入容器内，捣碎后，加入到克林型酒杯中。注入冷藏后的香槟，轻轻搅拌。并使用薄荷叶加以装饰。

根据著名的薄荷茱莉普鸡尾酒变化而来。与选用波旁威士忌为基酒的薄荷茱莉普不同，这款鸡尾酒以香槟为基酒。富有清凉感，是适合夏季饮用的长饮型鸡尾酒。

调制方法/直接倒酒 味道/甘甜 度数/15°

蓝色香槟
CHAMPAGNE BLUES

蓝柑桂酒………………………………… 1/10
香槟……………………………………… 9/10

在长笛型香槟杯中加入蓝柑桂酒，旋转酒杯，使之布满于酒杯内壁。加满冷藏后的香槟。

这款以香槟为基酒的鸡尾酒，诞生于19世纪90年代，具有美丽的通透感，能营造出夜幕轻轻降临的氛围。杯中气泡缓缓上升，仿佛鸣奏着忧郁的蓝调布鲁斯。

调制方法/直接倒酒 味道/中甘 度数/18°

金色炸药鸡尾酒
DYNAMITE

白兰地……… 30ml 金万利 ………… 30ml
橙汁………… 60ml 香槟 ………… 适量

将除香槟以外的其他酒水加入香槟杯中之后，加满香槟。以橙子切片与樱桃进行装饰。

橙汁的加入柔和了白兰地的强烈滋味，以金万利橙味利口酒进行调味。偏高的酒精浓度与干型的滋味如同炸药一般，给人带来十分强烈的刺激感。

调制方法/直接倒酒 味道/辛辣 度数/30°

充满南国风情的鸡尾酒

热带含羞草

TROPICAL MIMOSA

白朗姆酒……… 45ml　橘子汁 ……… 90ml
红石榴糖浆…… 1大滴　香槟 ………… 适量

将除香槟以外的全部材料加入长笛型香槟杯中，轻轻搅拌。加满香槟。以螺旋状的橙皮加以装饰。

这款能够让人联想到法国南部尼斯地区含羞草花朵颜色的鸡尾酒，是含羞草香槟鸡尾酒的变种。加入了充满南国风情的朗姆酒，增添了热带的气味。

调制方法/直接倒酒　味道/中甘　度数/7°

带有柠檬酸味的清爽感受

巴波太吉

BARBOTAGE

香橘子汁……… 90ml　柠檬汁 ……… 30ml
红石榴糖浆…… 1大滴　香槟 ………… 适量

摇动除香槟以外的所有材料，倒入酸酒杯中。加入适量冷藏后的香槟酒即可。

与使用香槟稀释橙汁的著名含羞草鸡尾酒相比，这款鸡尾酒的酸味更强。

调制方法/摇动　味道/中甘　度数/6°

以香槟稀释白兰地，适合庆祝特殊节日的鸡尾酒

普斯拉皮埃尔

POUSSE RAPIERE

阿玛尼亚克酒…………………………… 40ml
香槟或起泡酒…………………………… 适量

在酸酒杯中倒入阿玛尼亚克酒。加满冷藏后的起泡葡萄酒或香槟酒。

产自法国加斯科涅地区的蒸馏葡萄酒，也就是我们常说的白兰地。与其他白兰地相比，阿玛尼亚克酒更为强劲，具有独特的风味。与使用同种葡萄酿造而成的香槟搭配，纯朴简约，适合用来庆祝特殊的节日。

调制方法/直接倒酒　味道/辛辣　度数/25°

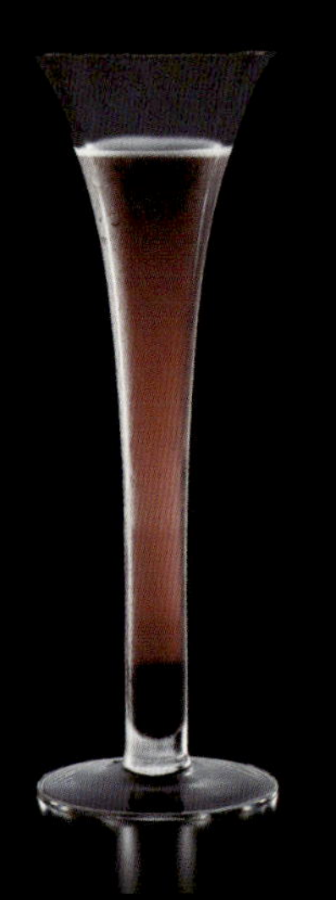

以电影名称命名，适合成年男子饮用

黑雨鸡尾酒

BLACK RAIN

香槟或起泡酒…………………………… 适量
黑萨姆布卡酒…………………………… 10ml

在长笛型的香槟杯中加入冷却后的材料，轻轻搅拌即可。

鸡尾酒的名称、来自于松田优作的同名电影。萨姆布卡酒是产自意大利的茴香酒，经过草药、香草等浸泡而成。1988年，这款名为黑萨姆布卡酒的全黑色利口酒诞生之后，相继出现了许多黑色的鸡尾酒。这款鸡尾酒中充满了沉稳的草药气息。

调制方法/直接倒酒　味道/中甘　度数/17°

气泡如天鹅绒般细腻，是欧洲的传统鸡尾酒

黑色天鹅绒

BLACK VELVET

黑啤酒…………………………………… 150ml
香槟……………………………………… 150ml

将两种基酒冷藏后同时倒入酒杯中即可。

香槟与啤酒相遇，气泡如同天鹅绒一般细腻。诞生于19世纪，是一款具有悠久历史的欧洲传统鸡尾酒。最初是使用英国黑啤酒与烈性黑啤酒制作。由于黑啤酒与香槟都是酿造酒，酒精度较低，所以使用大号杯子装酒更为合适。

调制方法/直接倒酒　味道/中甘　度数/10°

富有甘甜的咖啡风味

黑珍珠
BLACK PEARL

添万利咖啡酒…………………………… 20ml
白兰地…………………………………… 20ml
香槟……………………………………… 适量

除香槟以外，将其他材料注入装有碎冰的酸酒杯，加满冰镇香槟酒。以黑樱桃进行装饰。

产自牙买加的添万利咖啡酒，是融合有甘蔗沉稳甜味与咖啡微苦风味的利口酒。添加等量的白兰地后，整体味道更加深邃。

调制方法/直接倒酒　味道/中甘　度数/27°

如同一直美丽的火烈鸟

火烈鸟
FLAMINGO

伏特加………… 30ml　香槟 ………… 适量
堪培利开胃酒……………………… 10毫升

摇动香槟以外的所有材料，倒入长笛型香槟杯中。加满香槟，以橙子切片进行装饰。

红色的堪培利酒配以香槟的细腻泡沫，十分诱人。堪培利独有的草药味道得以激发。可与火烈鸟搭配饮用的是以伏特加为基酒、添加利口酒制成的粉色雪糖型“弗拉门戈女郎”鸡尾酒，颇具魅力。

调制方法/摇动　味道/中甘　度数/18°

果香四溢，甘甜的奢侈饮品

含羞草鸡尾酒
MIMOSA

橘子汁…………………………………… 60ml
香槟……………………………………… 适量

将冰镇后的橙汁注入长笛型酒杯中，加满冰镇香槟酒即可。

这款曾被称作为兰休香槟（即加入橙汁的香槟酒）的鸡尾酒，在法国上流社会颇受欢迎。仅需在香槟中加入橙汁，制作方法极为简单。由于色泽与法国南部尼斯地区的含羞草花朵颜色相似，故取名为含羞草。

调制方法/直接倒酒　味道/中甘　度数/7°

香槟气泡极其细腻，口感柔和

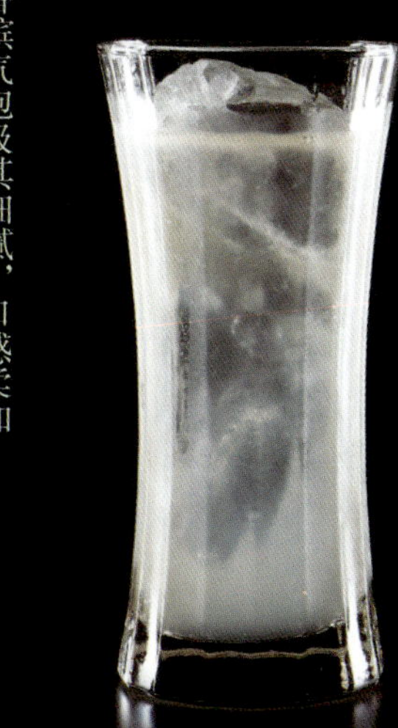

法兰西75
FRENCH 75

英式干金酒…… 45ml　柠檬汁 ……… 20ml
砂糖……………………………………… 1茶匙
香槟（起泡葡萄酒）…………………… 适量

摇动除香槟以外的所有材料，倒入杯中。加入冰块后，加满冰镇香槟酒，轻轻搅拌。

这款鸡尾酒是第一次世界大战时期为祈祷战争胜利而诞生的。之所以取名为法兰西75，是因为当时法军所用大炮的口径为75cm。之后相继诞生了95、125等系列鸡尾酒。

调制方法/摇动　味道/中甘　度数/18°

浮现出法国繁荣景象的上乘滋味

红磨坊鸡尾酒
MOULIN ROUGE

白兰地………… 30ml　菠萝汁 …… 120ml
香槟……………………………………… 适量

将除香槟酒以外的所有材料注入装有冰块的酒杯中，轻轻搅拌。加满冰镇香槟，并使用菠萝块与樱桃进行装饰。

红磨坊原为法国的一家夜总会，以法国康康舞而闻名于世。这款鸡尾酒将当时的繁荣景象展现了出来。菠萝与香槟的滋味令人怀念。

调制方法/直接倒酒　味道/中甘　度数/11°

由大文豪海明威设计而成的鸡尾酒

海明威葡萄酒
HEMINGWAY

法国绿茴香酒…………………………… 45ml
香槟……………………………………… 适量

将所有材料注入长笛型香槟杯，轻轻搅拌即可。

大文豪海明威曾以15:1的比例，将极为辛辣的马天尼酒与冰戴克里酒混合制成鸡尾酒，这样的逸闻还有很多。这款鸡尾酒是海明威在杂志《绅士》上介绍的，他将这款酒命名为“午后之死”。也有一些鸡尾酒书籍选用这个名字。

调制方法/直接倒酒　味道/辛辣　度数/27°

以樱桃为五月的象征，展示香槟的高贵滋味

五月佳人
LADY OF MAY

白兰地………… 15ml　樱桃白兰地 … 15ml
西番莲汁……… 15ml　香槟 ………… 适量

摇动香槟以外的所有材料，注入长笛型香槟杯中。加满香槟。

每到五月，水灵灵的樱桃开始上市。将樱桃浸泡在烈性酒中，得到的樱桃白兰地，充满了五月的气息。配以白色西番莲花朵的香气，高贵迷人。

调制方法/摇动　味道/中甘　度数/16°

以画家贝利尼之名命名的优雅鸡尾酒

贝利尼
BELLINI

起泡葡萄酒……　适量　桃子露 ……… 10ml
红石榴糖浆…………………………… 1大滴

在长笛型香槟杯中加入桃子露、红石榴糖浆，轻轻搅拌后，加满冰镇起泡酒。

为纪念文艺复兴时期的画家贝利尼画展举办而创造的鸡尾酒。最初设计之时并非使用桃子露，而是添加新鲜的白桃，在没有白桃的季节，使用糖水罐头中的白桃加水榨汁后添加。

调制方法/直接倒酒　味道/甘甜　度数/9°

富含橙子风味的香槟鸡尾酒

小鹰鸡尾酒
L' AIGLON

橘子酒…………………………………… 30ml
干型香槟………………………………… 适量

在长笛型酒杯中加入橙子酒后，加满冰镇香槟酒即可。

橘子酒是使用橘子皮在烈性酒中浸泡得到的利口酒，味道浓郁而芳香，曾受到过拿破仑的赞赏。这款鸡尾酒的名字“小鹰”则来自于拿破仑二世的昵称。在香槟酒中加入白兰地等烈性酒或利口酒而制作成鸡尾酒的配方有很多。

调制方法/直接倒酒　味道/中甘　度数/23°

清爽而华丽的味觉享受

怪盗罗宾鸡尾酒
LUPIN

伏特加…………………………………… 25ml
阿利兹水果酒…………………………… 25ml
橘子汁………… 25ml　起泡葡萄酒 … 适量

摇动除起泡酒以外的所有材料，注入长笛型葡萄酒酒杯中。加满起泡酒。

以法国小说家莫里斯·勒布朗笔下人物怪盗亚森·罗宾为原型创作的鸡尾酒。这款鸡尾酒华丽、优雅，如同怪盗一般，会捕获女性的芳心。

调制方法/摇动　味道/中甘　度数/20°

加入少量红酒的含酒精柠檬汁

散发有甘甜花香的葡萄酒组合

西部之电

WESTERN ELECTRIC

白兰地…… 15ml
梅多克红葡萄酒…… 15ml
橘味利口酒…… 15ml　干型香槟 …… 适量

摇动香槟以外的所有材料，注入长笛型香槟杯中。轻轻地加入香槟，使之沉于底层。

在通过蒸馏葡萄酒得到的白兰地当中，加入红葡萄酒与香槟，再配以散发着橘子的甘甜与花香橘味利口酒，使葡萄酒的滋味发生了微妙的变化，从而诞生了这款品质上乘的鸡尾酒。

调制方法/摇动　味道/中甘　度数/20°

使用产自勃艮第的葡萄酒制作而成

勃艮第鸡尾酒

BURGUNDY COCKTAIL

勃艮第葡萄酒（红）…… 90ml
白兰地…… 30ml
马拉斯加樱桃酒…… 3大滴

将材料注入酸酒杯，轻轻搅拌。并使用柠檬切片与酒中樱桃进行装饰。

以白兰地结实口感为基础的辛辣鸡尾酒。产自意大利的马拉斯加樱桃酒无色透明，是具有浓郁樱桃滋味的利口酒。

调制方法/搅拌　味道/辛辣　度数/19°

富含酸味的新鲜鸡尾酒

极富清凉感，适宜在炎热的夏日饮用

美式柠檬汁

AMERICAN LEMONADE

红葡萄酒…… 30ml　柠檬汁 …… 40ml
糖浆…… 30ml　矿泉水 …… 适量

将柠檬汁、糖浆注入杯中，充分混合后，加入冰块。倒入冰镇矿泉水。最后，轻轻地加入红葡萄酒，使之漂浮在最上层。

两层颜色形成鲜明对比，美丽动人。红酒中混有柠檬水的酸甜滋味，适合女性饮用。此外，也有同名的不含酒精的鸡尾酒。

调制方法/直接倒酒　味道/中甘　度数/3°

主教鸡尾酒

BISHOP

橘子汁…… 60ml　柠檬汁 …… 45ml
糖粉……1茶匙　朗姆酒 …… 1大滴
勃艮第红葡萄酒…… 适量

将橙汁、柠檬汁、糖粉加入装有碎冰的高脚杯中，注入适量葡萄酒进行稀释。轻轻搅拌，加入朗姆酒。

果香四溢，是可以享受到浓郁果实酸味的鸡尾酒。

调制方法/直接倒酒　味道/中甘　度数/7°

考比勒葡萄酒

WINE COBBLER

红葡萄酒…… 90ml　柑桂酒 …… 1大滴
糖浆…… 1大滴

在八分满的葡萄酒酒杯中加入碎冰，轻轻搅拌。添加2~3种应季水果与樱桃进行装饰，并插入2根吸管。

是以葡萄酒为基酒制作而成的考比勒类长饮型鸡尾酒。也可使用白葡萄酒代替配方中的红葡萄酒。根据不同场合，也可以选用白柑桂酒或橘味利口酒。

调制方法/直接倒酒　味道/中甘　度数/10°

被誉为『餐前酒之星』的奢侈鸡尾酒

充满桃子的清新滋味，适合女性饮用

交响乐鸡尾酒

SYMPHONY

白葡萄酒……… 30ml 糖浆 ……… 2大滴
桃味利口酒…………………………………… 15ml
红石榴糖浆………………………………… 1大滴

将上述材料注入鸡尾酒杯，轻轻搅拌即可。

充满桃子甘甜香气的利口酒，口感圆润丰满，颇受欢迎。以白葡萄酒作为基酒，其风味若隐若现，来自桃味利口酒的清新与甘甜，适合女性饮用。

调制方法/搅动 味道/甘甜 度数/14°

甜度适中，由干型至中等甘甜的完美变身

充满口腔的蓝莓滋味与清爽苏打水的完美组合

蓝莓汽酒

BLUEBERRY SPRITZER

白葡萄酒……… 45ml 蓝莓利口酒 … 30ml
苏打水………… 适量

除苏打水以外，将其他材料注入加有冰块的长笛型香槟杯中，轻轻搅拌。将切碎的柠檬皮撒入杯中。

是衍生自汽酒（即由白葡萄酒加入苏打水稀释而成）的鸡尾酒。在丰富的蓝莓果香之中，融入了适度的酸味，可以充分享受到清爽的果实滋味，如同徐徐吹来的微风，舒爽宜人。

调制方法/直接倒酒 味道/中甘 度数/9°

微笑鸡尾酒

SMILING

干型葡萄酒（白）……………………… 30ml
姜汁酒………… 70ml 白兰地 ……… 10ml

对长笛型香槟杯进行充分冷藏。同时加入冰镇后的干型葡萄酒（白）与姜汁酒，最后加入白兰地。

与使用苏打水稀释白葡萄酒得到的汽酒不同，这款鸡尾酒中选用了姜汁酒。同时配以白兰地，增加了酒的醇度。姜汁酒微微发甜的口感恰到好处。

调制方法/直接倒酒 味道/中甘 度数/13°

基尔酒

KIR

干型白葡萄酒…………………………… 60ml
克雷曼特黑醋栗利口酒……………… 10ml

将上述材料冰镇后注入长笛型香槟杯，轻轻搅拌即可。

为宣传产自当地的辛辣白葡萄酒，法国第戎市市长基尔创造出了这款鸡尾酒。在以葡萄酒为基酒制成的鸡尾酒当中，基尔酒的知名度最高。从而衍生出许多新型品种。为更好地激发出白葡萄酒的滋味，切勿加入过多的醋栗利口酒。

调制方法/直接倒酒 味道/中甘 度数/11°

以苏打水稀释白葡萄酒，清新而健康的饮品

汽酒
SPRITZER

干型葡萄酒（白）························ 90ml
苏打水···································· 适量

·将冰镇的白葡萄酒注入长笛型香槟杯。加满冷藏后的苏打水。

·因其酒精浓度偏低，作为健康的饮品在20世纪80年代流行于美国。汽酒起源于德语，为“迸裂”之意，后在美国逐渐演变为现在的“Spritzer”一词。葡萄酒经过苏打水的稀释，酒精浓度降低，成为清爽易于饮用的经典饮品。

调制方法/直接倒酒　味道/辛辣　度数/5°

可以转换心情的鸡尾酒

啤酒妖精鸡尾酒
BEER SPRITZER

白葡萄酒································· 60ml
啤酒···································· 60ml

在白葡萄酒酒杯之中注入冰镇白葡萄酒，加满冰啤。点缀以柠檬皮。

以混合白葡萄酒与苏打水制成的汽酒，作为健康饮品大受欢迎。这款鸡尾酒就是由汽酒衍生而来的。当仅饮用啤酒略显沉闷的时候，不如尝试下这款鸡尾酒，它可以转换你的心情。啤酒与白葡萄酒的组合清爽至极，可以为家庭增添喜悦之情。

调制方法/直接倒酒　味道/中甘　度数/9°

以肉豆蔻消除鸡蛋腥味，易于饮用、营养丰富

菲利普波特鸡尾酒
PORT FLIP

波特葡萄酒····· 45ml　白兰地 ········ 10ml
糖浆·············2大滴　蛋黄（小）··· 1个

充分摇动后，注入酒杯。在酒液表面撒落肉豆蔻。

菲利普是指加入鸡蛋与砂糖的鸡尾酒。经常以白兰地等蒸馏酒作为基酒。这款鸡尾酒堪称葡萄酒系列菲利普鸡尾酒中的国王。在日本被称为鸡蛋酒，颇为流行。

调制方法/摇动　味道/甘甜　度数/8°

两种波特酒共同演奏出的甘甜与柔美

珠宝盒鸡尾酒
JEWELRY BOX

白波特葡萄酒······························ 15ml
红宝石波特葡萄酒························ 15ml
卡巴多斯苹果利口酒······················ 15ml
红柑桂酒········ 10ml　葡萄柚汁 ····· 10ml

将上述材料注入鸡尾酒杯，轻轻搅拌。并加入乳酪果冻球。

在波特葡萄酒浓郁甘甜的滋味中，融入了“卡巴多斯”苹果白兰地与柑桂酒的香气，得到了这款味道更加丰富的鸡尾酒。是1996年第二届波特葡萄酒鸡尾酒大赛中的最优秀获奖作品。

调制方法/搅动　味道/甘甜　度数/18°

富含阿尼赛特独特风味的清爽鸡尾酒

破碎的悬崖
BROKEN SPUR

波特葡萄酒（白）························ 2/5
干金酒·············· 2/5　蛋黄 ··········· 1/5
阿尼塞特茴香酒·························· 1大滴

充分摇动后，注入鸡尾酒杯即可。

白波特酒是倾向餐前饮用的葡萄酒。加入同等分量的英式金酒后，味道趋于柔和。再配以一大滴阿尼赛特茴香酒，鸡尾酒的风味得以提升。

调制方法/摇动　味道/中甘　度数/25°

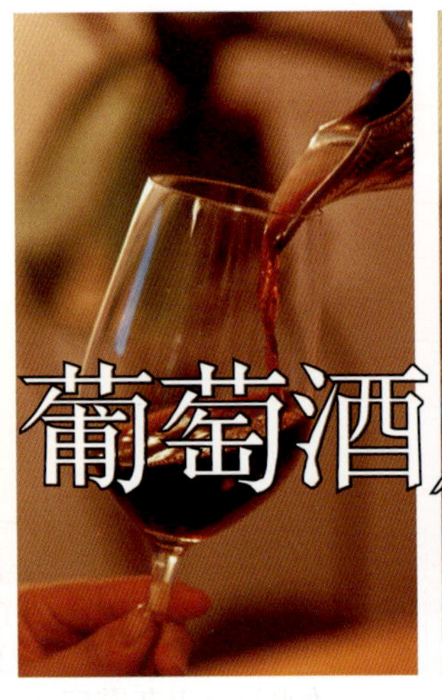

葡萄酒用语集

B

冰葡萄酒

以结冰状态下的葡萄为原料酿造而成的清爽且风味浓郁的甘甜葡萄酒。由于葡萄内部所含水分结晶，成为固态的冰，从而除水分以外的其他精华成分得以浓缩。成熟的葡萄挂在树枝上，等待着寒冷冬季的到来。当气温降到零度以下，采摘结冰的葡萄，对其进行压榨，得到糖浆一般的浓郁果汁。由于需要在寒冷的夜间采摘葡萄，迫使生产成本提高，而且与普通情况下采摘、酿造而成的葡萄酒相比，冰葡萄酒的产量极其稀少，这种稀少性导致冰葡萄酒价格十分昂贵。

残留糖分

即葡萄酒中所含有的糖分。在酵母的作用下，若葡萄中所含糖分被完全分解，酿出的葡萄酒口感辛辣。但是，在酒精浓度增高后，通过冷却、过滤等方法终止酵母分解，则可以保持葡萄酒中的糖分。不过葡萄酒的“甘甜”或“辛辣”与残留糖分的多少没有直接关系。通常情况下，香槟酒中的残留糖分很多，但却属于酸味极强的辛辣口感葡萄酒。相反，即使酒中的残留糖分为零，成熟的果实滋味也会让人产生“有甜味”、“十分甘甜”的错觉。

迟摘

迟摘是指待葡萄果实成熟度提高之后进行采摘。高糖分、高成熟度、浓厚的果实滋味是进行迟摘的目的，但被鸟兽等动物吞食、收获期降雨导致浓缩度降低、遭遇病虫害等问题，同样为葡萄的迟摘带来了风险。迟摘型葡萄酒味道类型颇多，从甘甜到辛辣，应有尽有，比如阿尔萨斯产区的“Vendanges Tardives”与德国的“Spatlese”，都是“迟摘”的意思，但两国所产的葡萄酒中都有甘甜与辛辣的类型。

除梗

连接在葡萄颗粒与颗粒之间、类似于茎的部分便是“梗”。由于梗中含有苦味与涩味，因此需要将葡萄梗除掉，即进行除梗。但是，在压榨用来酿造白葡萄酒的果汁时，需掺入一些葡萄梗，有助于果汁顺利流出。为弥补红葡萄酒的涩味，会在除梗后将一些葡萄梗放回到葡萄中，或者保留一些葡萄串不进行除梗。例如香槟地区，就是在不进行除梗的状态下，对葡萄轻柔压榨，以得到透明度极高且无杂味的葡萄果汁。

单宁

主要来源于葡萄的果皮与种子，是葡萄酒产生涩味的原因。涩味的感觉是因唾液中的蛋白质与单宁结合而产生的。单宁与蛋白质结合形成固体物质，附着在口腔黏膜上，故而导致原本光滑的黏膜产生不适。因此，涩味属于口感而非味道。单宁的强弱以及触感的类型决定了一款葡萄酒的口感。完全成熟的葡萄涩味纤细、舒畅，因此常用“成熟的单宁”来形容。

单一品种葡萄酒

在标签上标有一种葡萄名称的葡萄酒，叫做“单一品种葡萄酒”。过去人们重视葡萄的产地与葡萄田的名称，很少有葡萄酒会在标签上注明葡萄品种。由于在新兴的葡萄酒国家中没有传统的葡萄品种，因此，在标签上标明葡萄品种逐渐成为人们的共识。根据各个产地的法律，允许在达到规定最低使用量的基础上添加其他品种的葡萄，因此，单一品种葡萄酒也并不是只使用一种葡萄酿造而成的。

等级

通过评价某一块葡萄田、某一位生产者酿造的葡萄酒潜在能力而制定出的排列顺序。比如，在勃艮第的香槟地区，以村为单位，将葡萄田分为一级与特级。波尔多1855年的分级最为著名，但格拉芙产区与圣德米利永产区则有独自的分级制度，而且阿尔萨斯在特级葡萄田分级制度的制定与修改过程中出现了许多波澜。

二氧化硫

在葡萄酒中加入二氧化硫，可以抑制微生物的生长及酵母的作用，同时有助于葡萄酒氧化，防止风味减弱。通常在发酵过程中以亚硫酸钠与亚硫酸钾的形式添加。此外，在葡萄田中使用亚硫酸盐可以防止葡萄沾染霉菌病害。在考虑了人体健康与环境影响等方面之后，法律对二氧化硫的使用量进行了规定，因此，优秀的生产者们在保证葡萄酒美味的同时，将二氧化硫的使用量降到了最低限度。

发酵

酵母通过分解糖分释放二氧化碳与酒精的过程就是葡萄酒的酒精发酵。对于酵母的选择有两种方法：一是直接选用附着在葡萄表皮上的野生酵母；二是通过对特定种类的酵母进行筛选，挑出适合葡萄酒的培养酵母。白葡萄酒仅对压榨出的葡萄汁进行发酵，而红葡萄酒为提取出色素、涩味等成分，需连同果皮、种子等固体成分一同发酵。当糖分完全分解，发酵过程自动停止，但有通过加入酒精、降低温度等种植发酵的方法。

风土（Terroir）

“Terroir”一词原为“土地”之意，特指葡萄酒的“地域性”，即风土。从狭义上来讲，是指葡萄的生长环境，包括葡萄田的土壤、地形、风向等局部地区的气候条件，以及与河流、海洋的位置关系等。从广义来看，风土是指包括葡萄种植技术、田地排水灌溉等人工劳作部分在内的葡萄酒生长环境等方面中非当地莫属的要素构成。优秀的葡萄酒生产者就是以酿造富有个性、能够完美展现出当地风土的美味葡萄酒为目标的。

贵腐

在成熟的葡萄表皮上，生长有一种独特的霉菌，在这种霉菌的作用下，葡萄内部水分蒸发，从而为葡萄酒带来了浓郁的味道。我们把这种现象称作贵腐现象。这种霉菌（即贵腐菌）是导致水果患上灰霉病（可伤害包括葡萄在内的所有水果果实）的原因，所以未成熟的葡萄是无法成为贵腐葡萄的。因此，贵腐现象要求葡萄完全成熟，同时需要具备适合霉菌生长的高温高湿环境。使用贵腐葡萄压榨出的果汁含糖量极高，酿出的葡萄酒甘甜浓郁。

果实滋味

在葡萄酒的滋味中包括有可以用果实形容的成分。酒香中则以“果实香气”来表示。有趣的是，葡萄酒中其他水果的味道反而比葡萄的味道更为强烈。青苹果或者是成熟的红苹果，酸橙、柠檬、橙子等柑橘类水果，树莓与黑莓等莓类水果，都是十分常见的水果香型。品质上乘的葡萄酒中，果香丰富，成熟而清爽；品质欠佳的葡萄酒中，果实滋味则略显青涩与稀薄。

过滤

葡萄酒中混有的固体物质，包括使用葡萄压榨果汁时混入的细小果实碎片、发酵过程中不断繁殖的酵母等微生物。对葡萄酒进行过滤，则是指除去葡萄酒中固体物质的工序。过滤葡萄酒的方法多种多样。选用离心机不仅可以过滤粗大的固体物质，甚至可以进行以微米为单位的精密过滤。经过过滤，有可能会导致葡萄酒丧失部分风味，因此，为保持酒中滋味的醇厚与复杂性，也有一些葡萄酒不经过过滤。

混合调配

是指将品种、产地、味道、年份等要素不尽相同的葡萄酒混合在一起。将多种葡萄酒混合，通过调整混合比例，能够增进葡萄酒味道的平衡感。比如，在涩味浓厚的赤霞珠中添加丰盈柔和的梅洛，在丰盈醇厚的塞米雍中添加酸味清爽、酒香清新的白苏维翁，通过将不同特性的葡萄品种混合，从而得到味道更为复杂的葡萄酒。

加强型葡萄酒（Fortified Wine）

通过添加蒸馏酒精提升酒精含量的葡萄酒。在英语中，“Fortified”为强化的意思，因此这种酒也叫做“酒精强化葡萄酒”。波特酒、雪利酒、马德拉酒都是具有代表性的加强型葡萄酒。波特酒是在发酵过程中进行酒精强化，保留了糖分，因此口感甘甜。雪利酒是在发酵结束后添加酒精的辛辣葡萄酒，但也有添加果汁与甘甜葡萄酒的情况。马德拉酒进行酒精强化的时间不同，因此，酿造有从辛辣到极甘甜各种类型。

佳酿（Reserva）

在葡萄酒名称中使用的词语，表示葡萄酒品质上乘值得珍藏，或是经过了长时间的熟成期。英语中的“Reserva”，法语中的“Reserve”，意大利语中的“Riserva”，以及西班牙语中的“Reserva”，都是佳酿、珍品的意思，但在发音与拼写上存在着微妙的差异。许多国家对佳酿葡萄酒的品质、熟成方法（分为木桶熟成与酒瓶熟成两种）、熟成时间等方面制定了相关法律，但也有国家使用这个词语表示“这是一款比基础葡萄酒品质上乘的葡萄酒”。

结婚（Mariage）

当葡萄酒与食物交替食用，相互搭配的时候，使用法语中“Mariage”一词来表现，即“结婚”之意。与人类之间的结婚相似，是否出身于同一个地区、性格是否相似、食用氛围、香气、经济层面……如果在这些方面有共通点的话，那么这就是一段完满的婚姻，但如果完全没有共通点、却可以互补，这也是十分难得的匹配。当然，不会存在有任何人都满意的搭配组合，但如果选择味道沉稳的葡萄酒，或是气泡丰富的起泡酒，则可以和许多菜品搭配。

浸渍

浸渍是指在葡萄酒酿造过程中酒精发酵期间或在其前期、后期进行的，从果汁或葡萄酒中提取葡萄果皮、种子等固体成分的工艺。或是指在葡萄酒中浸泡出葡萄以外的香草等，以增添葡萄酒的风味。白葡萄酒在不需要加强滋味的情况下，不需要进行浸渍步骤，而对于红葡萄酒来说，浸渍过程可以增添酒中的色素与涩味，是不可欠缺的工序。在英语与法语中，“Maceration”一词都是浸渍的意思。

酒精

即葡萄酒中所含有的乙醇。酵母通过分解糖分，释放出乙醇与二氧化碳，因此，含糖量越高，葡萄酒的酒精浓度就越高。葡萄酒中所含有的酒精浓度在8%~15%左右。将葡萄酒含在口中，之所以能够感受到它的温热感，是因为酒精渗透到了黏膜之中。与水相比，酒精更为黏稠，带有甜味，而且随温度的降低，黏稠度与甜味会有所增强。近年来，酒精浓度偏低、酸味丰盈的优雅葡萄酒颇受欢迎。

酒瓶

在日本的葡萄酒中经常可以看到净含量为4合（日本容积单位，4合即720ml）的酒瓶，而在世界范围内普遍选用净含量为750ml的酒瓶。容积为普通容量的一半，即375ml的酒瓶被称作半倍瓶，为普通容量的2倍，即1500ml的酒瓶为双倍瓶，此外还有比双倍瓶容积更大的四倍瓶、超大瓶等。但波尔多型与香槟型酒瓶在叫法与容量上有所差异。比如名为“Jeroboam”的大酒瓶，在香槟地区指容积为3L的酒瓶，而在波尔多地

区，则为4.5L。

酒体（body）

表示葡萄酒味道醇度的词语。酒体的构成要素包括果实滋味、酸味、单宁、酒精浓度等。这些要素含量偏多的话，酒体就结实；含量偏少，酒体则轻盈。重酒体葡萄酒滋味浓郁，中等酒体滋味适中，轻酒体则略显清淡。一般来说，价格低廉的葡萄酒中以轻酒体居多，这是因原料葡萄用于生产大量葡萄酒导致的滋味变淡。上等品质的葡萄酒多为重酒体，但这也并不是说味道越浓品质越佳。

酒渣熟成（Sur Lie）

在法语中，“Sur Lie”为“在酒渣上面”的意思，是与日本酒中的“原酒”十分相似的白葡萄酒类型。在酒精发酵结束之后，使停止工作的酵母菌在葡萄酒中沉淀。沉淀后的酒渣与葡萄酒长期共存，通过酵母分解生成的氨基酸等成分提升葡萄酒的醇厚滋味。将这类葡萄酒的上层清澈部分装瓶后，会有极少量的气泡产生，是兼具醇度与新鲜感的葡萄酒，极富魅力。

酒渣

指果汁或葡萄酒中可沉淀的固体物质。其中包括葡萄果皮、果肉的碎片，酒石酸的结晶，酵母细胞等。一般通过将上部澄清液体移入其他容器的方法对葡萄酒进行“除渣”，将酒渣从葡萄酒中取出，但是，若有酒渣与葡萄酒一起熟成，酒渣中的酵母细胞残骸有助于提升葡萄酒的鲜味与醇度。使葡萄酒在酒渣沉淀状态下进行熟成的“酒泥熟成法（Sur Lie）”，以及在瓶内进行熟成的传统香槟酿造方法，都是在不进行除渣状态熟成的例子。

酒庄（Domaine）

“Domaine”一词源于法语，是指自葡萄种植至葡萄酒酿造，自始至终亲力亲为的葡萄酒生产者。与此相对，以“Maison”（相当于英语中的房屋一词）等命名的酒园与酒庄不同，他们是从种植者那里收购葡萄、葡萄汁或者葡萄酒，通过加工，制成自家酒园的葡萄酒。当然，有许多生产者兼备酒庄与酒园的特性，但是，所生产的葡萄酒是否由自己葡萄田所产葡萄酿成，在葡萄酒标签上会明确标出“Domaine”或“Maison”，来区分。

栎木桶

用来熟成葡萄酒的木桶。经常有人将栎木翻译成橡木，但实际是栎树。根据产地和加工方法的不同，栎木桶为葡萄酒赋予了各种风味。美国产的栎木桶给葡萄酒增添了浓郁的椰香甘甜，而法国产的栎木桶则会给葡萄酒带来沉稳的香子兰风味。在现今的葡萄酒世界中，美式与法式栎木桶是主流，但也有地方使用当地栎树或其他木材，酿造具有独特风味的葡萄酒。价格相对低廉的葡萄酒，也使用栎木屑为葡萄酒增添风味。

木塞臭味

因木塞产生的异臭味。导致产生异臭味的物质有很多，但其中最为重要的是三氯苯甲醚。即使葡萄酒中仅混入了极微量的三氯苯甲醚，也可以感受到酒中产生了黑霉菌与报纸油墨般的气味。在使用木塞封瓶的葡萄酒中，每20支葡萄酒中便会有1~2支葡萄酒产生木塞臭味，是一种损

害葡萄酒美味比率极高的现象。为减少木塞臭味带来的损害，许多生产商开始选择使用螺旋盖、合成树脂瓶塞等不会造成木塞臭味的封瓶方式。

欧洲葡萄（vinifera）

酿造葡萄酒所使用的葡萄几乎全部来自葡萄属（vitis），其中，原产自欧洲的葡萄被称为欧洲葡萄。现今，大多数评价较高的葡萄品种都与欧洲葡萄有着千丝万缕的联系。原产自美国的葡萄品种，果实中含有一种木材腐朽的独特气味，因此高级葡萄酒不选用该种葡萄。而作为代表日本酿酒用葡萄品种的甲州葡萄，如今备受瞩目，该葡萄品种中同样含有欧洲葡萄的遗传基因。

平衡感（balance）

果实滋味、酸味、酒精浓度、涩味等各个味道要素之间的平衡关系。“平衡感极佳”的葡萄酒是指大部分要素之间的关系谐调，特别突出的部分很少，无某一特定要素过强或过弱的情况出现。感受到各要素之间的平衡，是高品质葡萄酒的特点，也是葡萄酒正值最佳饮用期的表现。味道的平衡感由葡萄的种植方式与葡萄酒的酿造技术相关。高品质的葡萄酒之所以能够达到精妙的平衡，与葡萄的超高品质密不可分。

葡萄根瘤蚜

又名木虱。从19世纪起，开始在各个葡萄酒产地肆虐。这种害虫附着在葡萄树的根与叶上，吮吸枝叶，导致植株枯萎，为葡萄田带来了毁灭性的灾难。美国作为根瘤蚜的起源地，当地出现了抗蚜品种，因此，在种植欧洲葡萄品种的时候对树苗进行了嫁接。将欧洲葡萄品种的葡萄树苗嫁接在美国抗蚜品种的根上，在采用这个方法后，根瘤蚜灾害得到了抑制。在沙质土壤的葡萄田中，以及智利等国家不易于根瘤蚜生产的环境下，至今还存有未经过嫁接的葡萄树。

葡萄酒杯

将葡萄酒注入不同的酒杯之中，其味道会发生剧烈的改变。除尺寸、规格的大小以外，即使是容量完全相同的酒杯，形状不同也会导致葡萄酒的味道发生变化。无色透明的酒杯，不需要进行剪裁、着色等装饰。容量相当于半倍瓶、杯口略向内收缩的郁金香酒型酒杯最佳。向杯中注入葡萄酒，酒液高度为总体高度的四分之一即可，轻轻晃动酒杯，酒香便会充满在杯中，靠近鼻尖，深呼吸，就能享受到这优雅的葡萄酒香了。

起泡葡萄酒（sparkling wine）

在注入酒杯之后，因二氧化碳释放而生成气泡的葡萄酒。在酿制了无泡葡萄酒之后，向酒液中加入酵母与蔗糖，进行二次发酵，并将生成的二氧化碳封存在酒液之中。使用的葡萄需生长在凉爽的气候条件下，在未过度成熟之前提早采摘，并且要求葡萄的果实滋味清爽，富含充分的酸味。为调整味道的平衡感，经常会在发酵过程中留下一些糖分。起泡葡萄酒的制作方法主要包括传统方法、夏尔马方法、转移法等。

清澄

在发酵前的果汁与装瓶前的葡萄酒中，漂浮有许多胶态物质。进行清澄，是为了除去这些来自于葡萄的物质，使葡萄酒的外观更加清透，味道更加纯粹。向葡萄汁或葡萄酒中加入膨润土（黏土的一种）、酪蛋白（牛乳中的主要蛋白质）、白蛋白（蛋清中的蛋白质）、明胶等“清澄剂”，通过凝结胶体与单宁使这些难于沉淀的悬浮物迅速沉淀，从而达到清澄液体的目的。

收成量

指葡萄田中葡萄的收获量与使用葡萄酿出的葡萄酒产量。一般情况下，以每公顷（或每万平方米）产出多少百公升葡萄酒来表示，或者采用每英亩收获多少吨葡萄的形式。葡萄的收成量可以影响到葡萄酒的品质与类型，葡萄的收成量越高，葡萄酒的特性就越弱。因此，通常利用栽培方式与气候影响来抑制产量，从而达到增加葡萄浓缩程度、提升葡萄酒品质的目的。

收成年份

即葡萄的成熟年份或收割年份。“年份的好坏”决定了该年葡萄所酿出葡萄酒的品质高低。气候过于寒冷的话，葡萄就会欠缺成熟的风味，相反，如果气温过高，酿成的葡萄酒中则会带有因加热而成熟的果实滋味。日照充足，长时间持续较为凉爽的干燥天气，有利于葡萄缓慢成熟，在这样的条件下，通常可以得到品质较好的葡萄酒。葡萄在量上得到“大丰收”，有时会导致果汁浓缩度降低，但与葡萄酒质量无直接联系。

熟成

在发酵结束后，许多葡萄酒的酸味与单宁的涩味还能强烈。使味道变得柔和，提升葡萄酒的美味，便是熟成过程的作用。葡萄酒可在木桶、不锈钢桶、搪瓷容器或混凝土酒窖中熟成。其中，有些葡萄酒的熟成过程中要避免与氧气接触以保持葡萄酒的新鲜滋味，但也有一些葡萄酒需要与空气接触，进行氧化熟成，如雪利酒。此外，还有在瓶子熟成的方法，即葡萄酒装瓶后密封，在隔绝氧气的状态下熟成。

树龄

葡萄树幼苗在完成移栽后，经过3年左右的时间就可以结果，但这时候的葡萄是不能用来酿造葡萄酒的。在此之后，葡萄树的果实会越结越多，在20~30年前后，迎来生成巅峰期，此后的产量将逐渐减少。但是，树龄越高，葡萄树对干旱、多雨等恶劣天气的抵抗能力越强。通常，随着树龄的增长，葡萄树的果实颗粒将变小，串数也会减少，但葡萄树根从土壤深处汲取的营养成分得到了浓缩，因此，古树葡萄经常用来酿造滋味圆润而深邃的葡萄酒。

酸

酸”是表示葡萄酒中酸味程度的词语。酸可以赋予葡萄酒清爽、具有紧缩感的味道，是葡萄酒不可欠缺的要素之一。酸味不足，将会导致葡萄酒缺乏尖锐感，味道也会变得模糊不清。相反，如果酸味过度，则会导致酒中的果实滋味减弱。葡萄酒中所含的酸主要为酒石酸与苹果酸。经过沉淀的葡萄酒中，经常能够看到细砂糖般大小的颗粒，这便是酒石酸的结晶。在乳酸菌的作用下，苹果酸转变为乳酸，这个过程被称作苹果酸—乳酸发酵（即MLF发酵）。

头牌葡萄酒（Grandvin）

在法语中为“伟大的葡萄酒”之意，但现今除表示葡萄酒品质上乘之外，在波尔多等地则是指“代表生产地、酿酒师的头牌名品”。英语中的“flagship wine”，则表示被称作旗舰酒款的葡萄酒是该生产者酿造的头牌葡萄酒。仅次于头牌的葡萄酒被称作副牌葡萄酒，在葡萄田、树龄、葡萄品质、成熟方式等方面，与头牌葡萄酒之间存在质的差距。

土壤

以香槟地区为例，这里有名为白垩的柔软石灰岩土质，以及黏土类土壤。如果没有这些土壤，香槟地区就不会如此著名了。葡萄田的土壤不同，生长的葡萄也就不同，酿出的葡萄酒风味也有所差异。但是，土壤中所含有的矿物元素等化学成分究竟会对葡萄酒产生怎样的影响，至今还有许多不能详细解释的地方。与化学成分的影响相比，葡萄田土壤的排水性能与保水性能等物理因素对葡萄产生的影响更大。

无泡葡萄酒（still wine）

即无气泡升起的葡萄酒。这类葡萄酒无气泡、不经酒精强化、无残留糖分，与“伴餐用酒”极为相似。有些葡萄酒即使未明显出现气泡，但酒液中也溶入了少量二氧化碳，饮用时略感刺激。这种情况下，由于葡萄酒中残留有微量的二氧化碳，因此可以清晰地感受到清爽的果实滋味，而且可以防止空气中的氧气溶于葡萄酒，从而起到了抑制葡萄酒氧化的作用。

新酒（Primeur）

压榨

“Primeur”在法语中为“新酒”的意思。在法国薄若莱地区，葡萄收获数周之后酿制而成的新酒，标注有“Nuovo（新的）”或“Primeur（新酒）”。此外，在波尔多地区，预约顶尖酿酒商生产的“期货”葡萄酒被冠以“En Primeur（即期酒）”之名。以木桶熟成期的试饮为基础，参考葡萄酒专家的意见，以低廉的价格收购有增值趋势的名品葡萄酒，这种体系是以在增值后销售、获取利益为目的的投资过程。

新世界

指葡萄酒新兴国家。与葡萄酒酿造历史悠久的欧洲相比，这些新型的葡萄酒产地被称作新世界。其中美国、澳大利亚、新西兰、智利、阿根廷、南非等国家，都是新世界中的代表。任何使用最新的生产技术，防止氧化，保持葡萄的芳香，生产有许多果实滋味新鲜而丰富、味道纯正的葡萄酒。与在旧木桶中氧化熟成的欧洲传统葡萄酒形成鲜明对比，故而“新世界葡萄酒”成为了一种新时尚。

压榨

白葡萄酒是使用压榨葡萄得到的果汁发酵而成的。而红葡萄酒是在将葡萄搅碎、发酵之后，通过压榨取出果皮、种子等固体物质。在葡萄酒的酿造过程中，对葡萄施加压力，榨取果汁与葡萄酒的过程是颇为重要的。以前利用旋转、杠杆等原理进行大力压榨，结果导致葡萄酒中带有苦味、涩味。如今，采用轻柔的方式对葡萄进行充分压榨，以酿造滋味纯正、口感柔畅的葡萄酒为目标。

氧化

葡萄酒在氧气的作用下发生变化，导致丧失原有的新鲜滋味。在成熟的葡萄酒以及雪利酒、马德拉酒等有意进行氧化的酒中，所感受到的气味表现为略显沉重的“氧化臭味”。这类葡萄酒中，新鲜的果实滋味与青涩的酒香相对较弱，取而代之的是成熟葡萄酒的深邃、稍苦的浓烈“成熟滋味”。此外，普通的年轻葡萄酒在与空气接触、氧化后，会因水分较多而出现淡淡的苦味。

余味

即咽下葡萄酒之后，残留在口腔中的味道。英语中以“After Taste（后味）”、“Longs（长度）”等词表示。一般来讲，品质上乘的葡萄酒“余味绵长”，“余味短暂”的葡萄酒则很难进入到优秀葡萄酒的行列之中。余味与酒体的轻重相关联，但是味道纤细而淡雅的葡萄酒中，也有许多余味绵长的情况。各种滋味要素构成了不同风味的余味，这些要素达到完美平衡便是葡萄酒余味的最佳状态。

运销商（Negociant）

运销商从生产者手中收购葡萄酒或是作为葡萄酒原料的葡萄、果汁，然后通过加工制成葡萄酒后，进行销售。由于可以通过收购小规模生产者的葡萄酒，进行更大规模的商业销售，因此，由著名的运销商制作、因品质稳定而获得较高评价的葡萄酒也不在少数。近年来，使用自家公司葡萄田中的葡萄酿造葡萄酒的运销商在不断增加，也就是说，这些运销商兼备了酒庄（从葡萄到葡萄酒的过程全部亲自完成的生产者）的性质。

Z

珍品（Cuvee）

在法语中，“cuvee”一词是指木桶、水槽等用来盛放葡萄酒的容器，后来逐渐演变为放在一个水槽中的葡萄酒，借指珍品、佳酿等意。因此，生产者在酿造多品种葡萄酒的情况下，为对葡萄酒进行区分，会将葡萄酒标明为佳酿或者珍品。比如，在葡萄品种、年份、混合比例、品质等级、是否经过木桶熟成等方面，为与普通葡萄酒区别，冠以“cuvee”之名则表示该款葡萄酒属于珍品级别。

自然动力种植法（Bio Dynamiques）

以奥地利社会哲学家鲁道夫·斯坦纳的提议为基础，设计出的天然葡萄酒酿制方法。自然动力种植法包含有生态学与力学，是两者结合的产物。在自然动力种植法中有许多神秘的方法，比如将石英稀释物质作为“处方”，撒在葡萄田中。对于为何这些方法有益于葡萄的生长，至今尚无明确的科学解释。但是由于许多顶尖生产者们运用自然动力种植法，酿造了许多品质优秀的葡萄酒，故而导致世界各地的酿酒商们争先引进这项技术。

樽香

使葡萄酒在木桶中熟成，沾染上来自栎木（枹栎）的香气。利用蒸汽或烘烤，使细长的木板弯曲，并用金属箍扎紧，制成木桶。在新桶中熟成的葡萄酒酒香中栎木的甘甜更为浓郁，同时由于接触到了过多的氧气，酒的滋味较为柔和。如果对木桶内侧的木板进行烘焙，葡萄酒中则会带有薰香。一般来说，葡萄酒的熟成时间为半年到2年不等，而且木桶在反复使用几次之后，香味会减弱，直至消失。另外，木桶的尺寸越小，酒的樽香就越浓，与之相反，大木桶、旧木桶的薰香较弱。

樽香

TITLE：［ワインの選び方、飲み方、愉しみ方がわかるワインT-BOOK］
BY：[遠藤　誠]
Copyright © SEIBIDO SHUPPAN, 2010
Original Japanese language edition published by SEIBIDO SHUPPAN Co.,Ltd.
All rights reserved. No part of this book may be reproduced in any form without the written permission of the publisher.
Chinese translation rights arranged with SEIBIDO SHUPPAN Co.,Ltd.,Tokyo through Nippon Shuppan Hanbai Inc.

©2012，简体中文版权归辽宁科学技术出版社所有。
本书由日本成美堂出版株式会社授权辽宁科学技术出版社在中国范围内独家出版简体中文版本。著作权合同登记号：06-2010第423号。

版权所有・翻印必究

图书在版编目（CIP）数据

葡萄酒的感官世界／（日）远藤诚主编；赵怡凡译. —沈阳：辽宁科学技术出版社，2013.1
ISBN 978-7-5381-7635-3

Ⅰ.①葡…　Ⅱ.①远…②赵…　Ⅲ.①葡萄酒－基本知识　Ⅳ.①TS262.6

中国版本图书馆CIP数据核字（2012）第190833号

策划制作：北京书锦缘咨询有限公司（www.booklink.com.cn）
总 策 划：陈　庆
策　　划：邵嘉瑜
装帧设计：李瑞霞

出版发行：辽宁科学技术出版社
(地址：沈阳市和平区十一纬路 29 号　邮编：110003)
印 刷 者：北京汇林印务有限公司
经 销 者：各地新华书店
幅面尺寸：185mm × 260mm
印　　张：10
字　　数：200千字
出版时间：2013年1月第1版
印刷时间：2013年1月第1次印刷
责任编辑：朱悦玮　谨　严
责任校对：合　力

书　　号：ISBN 978-7-5381-7635-3
定　　价：45.00元

联系电话：024-23284376
邮购热线：024-23284502
E-mail: lnkjc@126.com
http: //www.lnkj.com.cn
本书网址：www.lnkj.cn/uri.sh/7635